KB014491

소
요
북
구

마을 · 자연 · 역사와 느긋이 걷는 부산 북구 스물다섯 길

소요 북구

김정곤 **지음**

빨간집

차례

부록

바람 따라 이야기 따라
북구의 길을 걷다

오늘도 수많은 사람들이 이런저런 이유로 산을 오른다. 어떤 사람들은 성취감을 맛보기 위해 산 정상에 오르고 어떤 사람들은 명예욕이나 경쟁심으로 높은 산을 선택하여 오르기도 한다. 그러나 낮은 산을 자유롭게 산책하듯 거니는 저산취미(低山趣味)를 하는 사람들도 많다. 낮은 산의 오솔길, 둘레길, 자드락길 등은 걷는 것만으로도 감성을 일깨우고 즐거움을 주는 힘이 있다. 더구나 길이 이야기를 품고 있다면 금상첨화가 될 것이다. 이처럼 걷고 싶은 길을 바람 따라 이야기 따라 편안하게 걷는다면 '소요한다'라고 할 수 있을 것이다.

그러나 소요는 단순히 길을 걷는 것 이상을 의미하기도 한다. 길을 통해서 직접 체험하고 느끼고 나아가 내적 변화까지 일으키는 것을 포함한다. '만 권의 책을 읽고 만 리의 길을 걸어라'라는 말이 있다. 책을 통한 지식 습득도 중요하지만 인격의 완성을 위해서는 직접 경험하여 견문을 넓히는 일도 중요하다는 뜻일 것이다. 옛 사람들이 견문을 넓히기 위해서 산천을 유람했다면 현재는 많은 사람들이 역사문화 답사를 하고 국내외 여행을 떠난다. 이처럼 길을 소요하는 행위는 세월을 관통하는 가치를 지니고 있다.

소요를 즐기기 위해서는 우선 길에서 달성할 목적이나 목표를 내려놓아야 한다. 길을 걷는 행위 자체가 목적이 되고 목표가 되어야 한다. 그저 걸으며 행복을 느끼고 삶의 의미를 얻는 것이다. 길 위에서 생명의 소리에 귀를 기울이고 태고의 시간이 남겨놓은 흔적을 발견하거나 다양한 삶의 모습에 몰입할 수도 있다. 또한 한 시대를 살다간 사람들의 발자취를 찾아볼 수 있고 때로는 자신의 삶을 자연의 품안에서 되돌아볼 수도 있을 것이다.

주변에는 소요할 수 있는 멋진 공간이 많다. 조금만 시간을 내면 산, 바다, 강, 도시나 마을 어느 공간에서도 손쉽게 마음에 드는 길을 찾을 수 있을 것이다. 이 책에서 소개하는 부산 북구도 그러한 멋진 공간 중의 한 곳이다. 아름다운 자연을 품은 북구의 길을 걷는다면 소요의 즐거움뿐만 아니라 북구의 매력도 함께 만끽할 수 있을 것이다.

북구의 자연은 크게 금정산과 낙동강 하구로 나눌 수 있다. 금정산은 백두산의 거대한 산세가 백두대간과 낙동정맥을 타고 벋어 내려가다가 멈춘 곳이다. 멈춤의 힘에 의해 금정산 앞에는 넓고 텅 빈 공간이 만들어졌다. 바로 낙동강 하구다. 낙동강이 태백의 황지에서 발원해 제 몸을 한껏 낮추면서 크고 작은 영남의 물줄기를 모두 받아들인 뒤 바다를 앞두고 도도히 흘러가는 곳이다.

북구는 이처럼 장맥의 멈춤과 장강의 내려놓음이 만든 하구에 자리 잡고 있다. 그 속에는 자연이 들려주는 물소리, 바람 소리가 서로 조화를 이루고 온갖 생명이 움직이는 숨소리가 들려온다. 이러한 경험은 하구의 출렁이는 강물을 곁에 두고 걷는 강변길, 산자락을 돌아가는 숲길이나 풀이 무성한 푸서릿길, 마을의 속살을 볼 수 있는 고샅길을 걷는다면 누구라도 느낄 수 있다.

북구의 길은 또 다른 매력이 있다. 이야기를 풍부하게 품고 있는 것이다. 북구는 선사시대부터 사람들이 삶의 터전으로 삼았던 공간이다. 율리 바위그늘집 유적, 고분군과 유물들, 만덕동사지, 구포장터 만세운동과 선비마을, 그리고 수많은 자연마을의 흔적들. 시대별로 수많은 사람들이 만든 역사의 흔적과 문화의 향기가 곳곳에서 묻어나온다. 비록 일제강점기를 거치면서 역사는 많이 왜곡되었고 근대 산업화를 거치면서 문화유산은 많이 사라졌지만 아직도 북구의 정체성을 느끼기에 충분하다.

지난 어느 날 스쳐지나가는 바람처럼 문득 내가 사는 고장에 대한 이야기를 쓰고 싶은 생각이 들었다. 그 후 나의 마음은 줄곧 그 언저리에서 서성거렸다. 그리고 마침내 이야기가 책으로 출간된다. 많은 일들이 떠오른다. 참 고마운 사람들도 떠오른다. 먼저 항상 나의 건강을 염려하고 옆에서 건강을 챙겨준 박양숙 여사님에게 감사드린다. 조언을 아끼지 않았던 빨간집 출판사 배은희 대표와 카프카의 밤 서점 계선이 대표, 그리고 동서대 이효영 교수, 그 외 책 출간에 큰 도움을 준 모든 분들에게 감사를 드린다.

2024년 8월 김정곤

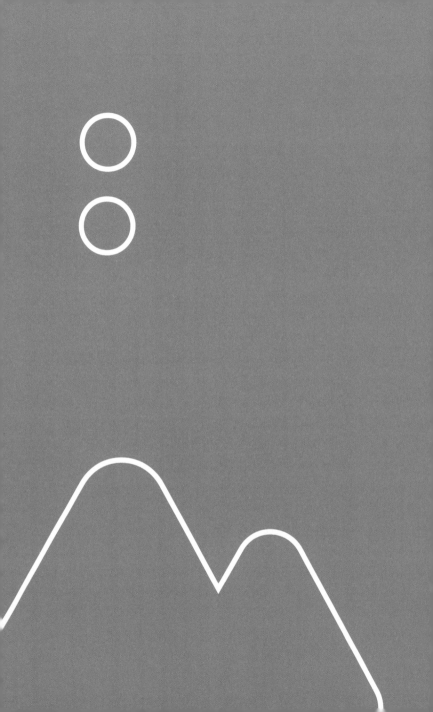

0. 장맥과 장강이 만나다

낙동정맥은 백두대간의 한줄기다. 금강산, 설악산, 태백산을 거쳐 지리산으로 이어지는 백두대간 산세가 태백산에서 갈라져 나온 후 동해와 나란히 벋어가는 정맥이다. 이 산세는 금정산에서 멈춘다. 금정산 정상에 서서 앞을 바라보면 더없이 넓은 공간이 펼쳐진다. 낙동강 하구다. 백두산의 산세가 백두대간과 낙동정맥으로 이어져 벋어가다가 멈춘 곳이다. 이 공간에는 백두산의 거대한 힘이 여운처럼 흘러가고 있다.

낙동강은 한반도에서 압록강과 두만강 다음으로 긴 강이다. 태백 황지에서 시작한 낙동강 물줄기는 영남 땅을 돌고 돌아 1,300리 긴 여정에서 수많은 물줄기를 만난다. 반변천, 내성천, 길안천, 영강, 위천, 금호강, 황강, 남강, 밀양강, 양산천 등. 강은 새로운 물줄기를 만날 때마다 자신을 계속 낮추어 모두 받아들인다. 그리고 마침내 부산 북구 앞에 이르러 큰 물길이 되어 바다로 향해 흘러든다. 낙동강 하구에는 새로운 물줄기를 받아들이기 위해 자신을 한없이 낮춘 강의 힘이 흐른다.

멈춤과 낮춤의 힘이 흐르는 낙동강 하구는 수많은 생명

이 태어나는 곳이다. 이른 새벽 상학산 상계봉과 화산이 황금빛으로 환하게 밝아오기 시작하고 강변의 어스름이 썰물처럼 벗겨질 때 강둑길을 걸어보자. 파란 하늘 아래 한낮의 하얀 햇살이 화살처럼 쏟아지고 철새 떼가 한가로이 강물 위로 헤엄치는 강변 갈대길을 걸어 보자. 해가 하루의 여정을 끝내고 서산으로 넘어갈 무렵 붉은 노을에 물든 금정산, 백양산, 상학산의 자락 길을 걸어보자. 바람결, 물결 그리고 뭇 생명이 내는 소리결과 숨결을 통해 자연이 주는 힘을 느끼게 될 것이다.

🏔 금정산

금정산은 한국 100대 명산 가운데 하나다. 산 앞에는 넓은 하구가 그림처럼 펼쳐진다. 금정산은 금샘으로 유명하다. 『신증동국여지승람』, 『세종실록지리지』, 『동래부지』 등에서 이 샘을 언급하고 있다. 산 정상에서 조금 아래로 내려가면 동남쪽 능선에 돌출한 바위 무더기가 보인다. 그중 바위 하나가 남쪽으로 높이 솟아 있고 바위 머리의 움푹 팬 돌우물에 그리 많지 않은 물이 고여 있다. 바위 높이는 3장(약 9.09m) 정도이고, 둘레는 10여 자(약 3.03m), 깊이가 7치(약 23cm)쯤 된다. 옛이야기에 의하면

이 돌우물의 물은 가물어도 마르지 않고 금빛을 띠었는데 금빛 물고기 한 마리가 오색구름을 타고 범천(하늘)에서 내려와 그 속에서 놀았다고 한다. 이에 산 이름을 금정(金井, 금빛 우물)이라 하고, 산 아래 절을 지어 범어(梵漁, 범천의 고기)라 불렀다고 한다.

금정산은 부산시 북구, 금정구, 동래구와 경상남도 양산시 동면에 걸쳐 있는 부산에서 가장 높은 산이자 부산을 대표하는 산이다. 옛 동래도호부의 진산이기도 했다. 산 정상은 고당봉으로 높이가 801.5m다. 금정산은 백두대간의 기세가 흐르는 산답게 계명봉, 장군봉, 원효봉, 의상봉, 미륵봉, 상계봉, 장골봉, 파류봉, 백양산 같은 많은 준봉을 거느리고 있다. 모든 산과 봉우리가 뛰어나지만 특히 낙동강 하구와 직접 만나는 장골봉, 파류봉, 상계봉, 백양산 등은 넓은 하구를 온몸으로 느낄 수 있는 멋진 산이다.

금정산은 약 7천만 년 전 지하에 있던 마그마가 서서히 식어 만들어진 화강암이 융기하면서 생성되었다. 그 후 오랜 세월 비바람에 깎이고 다듬어지면서 토르, 나마, 인셀베르그(기암절벽), 블록스트림(암괴류) 등 다양한 화강암 지형이 만들어졌다. 금정산은 골짜기마다 물이 풍부하고 산림이 우거져 있어 다양한 종류의 동식물이 자란다. 2013년 국가지질공원으로 등재되었다.

중요한 사적으로는 금정산성이 있다. 1971년 국가사적으로 지정되었으며 둘레가 약 18.8km, 높이 1.5~3m, 성내 총 면적은 약 8,213㎢에 이르는 우리나라에서 가장 큰 산성이다. 금정산 북동쪽 계곡 부근에는 합천 해인사, 양산 통도사와 더불어 영남 3대 사찰로 불리는 범어사가 있다. 그리고 금정산 서남쪽에 위치한 상학산 남쪽 면에는 규모가 범어사와 맞먹는 큰 사찰 터인 만덕동사지가 남아 있다.

금정산은 전국적으로 알려졌을 뿐 아니라 부산 시민의 휴식처이기도 하다. 산의 품이 넓고 넉넉할 뿐 아니라 산 정상이나 높은 봉우리에 서면 광활한 하구와 천천히 굽이쳐 흘러가는 낙동강 물길을 볼 수 있어 언제 찾아도 마음이 편안해진다.

≋ 낙동강

영남 땅에 떨어지는 빗방울은 태백산맥 동쪽만 제외하고

모두 남해를 향해 모여든다. 낙동강 첫 물줄기는 태백 황지에서 시작한다. 물길은 태백산, 함백산, 삼방산 등 고산 준령의 계곡천을 받아들이면서 1,300리 먼 여정을 시작한다. 낙동강은 봉화군에서 운곡천과 만나 이나리를 이루고, 안동에서 반변천과 만나 비로소 강의 면모를 갖추기 시작한다. 예천군에서 내성천과 금천을 만나 삼강을 만든 후 상주 물미나루(퇴강나루) 앞에서 소백산에서 발원하는 영강을 만나 큰 강을 이루게 된다.

흔히 낙동강 물길을 말할 때 태백 황지에서는 낙동강 1,300리라 하고, 상주 물미나루에서는 낙동강 700리라고 한다. 이는 낙동강 하구인 다대포와의 거리를 나타낸다. 작은 상선이 갈 수 있는 물길은 안동까지였고, 조운선 같은 큰 배가 갈 수 있는 뱃길은 상주 물미나루까지였다. 상주에서 큰 물줄기를 이룬 낙동강은 영남의 땅을 휘둘러 남쪽으로 흘러간다. 합천 초계에 이르러 황강을 만나고 이어 남지 용산리 앞에서 남강과 만나 합강이 된다. 이미 장강의 면모를 갖춘 낙동강 물길은 밀양강과 만나 삼랑을 이룬다.

낙동강과 밀양강, 남해의 세 파도를 뜻하는 삼랑은 양산 앞을 지나 황산강이 되고 마지막 지천인 양산천을 받아들인다. 이렇게 받아들인 수많은 물길 덕분에 한껏 커진 강은 북구 화명동 부근에 이르러 세 갈래로 나뉜다. 이를 삼차수(세 갈래의 강)라 불렀다. 삼차수에 도달한 장강은 바다의 짠 냄새를 품고 넓은 들판을 자유롭게 흐르며 장엄한 삼각주 지대를 형성했다.

일제강점기인 1936년 하구에서 대역사가 이루어졌다. 낙동강변 양쪽으로 제방을 쌓고 대저 수문과 녹산 수문을 만든 것이다. 낙동강은 일직선으로 흐르기 시작했다. 그 결과 삼차수 물길 중 한 줄기는 사라졌고 또 한 줄기는 수문에 갇혀 서낙동강이 되어버렸다. 그마저 대부분 간척되어 지금의 김해평야로 탈바꿈했다. 해방이 된 뒤에도 강은 여전히 인간의 욕망에 갇힌 채 흘러가고 있다. 상류는 대형 댐으로 물길을 막아 흐름을 제약하고 동낙동강 끝자락에는 하구언을 설치했다. 이제는 물길이 바다와 만나는 것조차 힘겹다.

그러나 물은 높은 곳에서 낮은 곳으로 흐르는 자신의 속성을 바꾸지 않는다. 수많은 이들이 낙동강 하구를 찾는다. 사람의 욕망으로 족쇄가 채워진 강 앞에서 채워지지 않는 자신들의 갈증을 달래려는 것이다. 그곳에서 새로운 물길을 받아들이기 위해 끝없이 자신을 낮추고 굽이치며 흘러온 장강을 바라본다. 장엄한 물길 앞에서 겸손을 배우고 마음 쉴 곳을 얻는다.

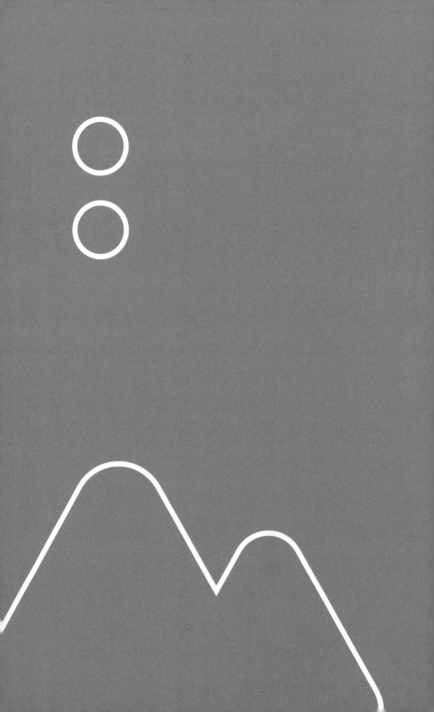

1. 장골봉에는
세월의 무게가 있다
- 금곡

금곡동은 깊은 역사와 풍부한 문화를 품고 있다. 그러나 이 지명은 비교적 근래에 생긴 것으로 조선시대에는 동원리와 공창리라고 했다. 금곡이라는 이름의 유래에는 몇 가지 설이 있다. 가장 설득력 있는 것은 금정산의 주봉인 고당봉에서 낙동강변 쪽으로 뻗어 내린 첫 골짜기라는 설이다. 우리말 '금'은 '크고 높다'라는 뜻도 지녔다. 따라서 금곡동은 금정산 산세가 낙동강을 향해 만든 첫 골짜기 즉 크고 넓은 골짜기를 의지하면서 살았던 자연마을이 모인 동네라고 볼 수 있다.

산성로를 따라 올라가다 보면 왼쪽으로 크고 우람한 산 능선이 시야에 들어온다. 바로 장골봉(494m)이다. 장골봉은 긴 골이라는 뜻이다. 장골봉 능선은 낙동강 하구의 넓은 공간 속에서 강을 향해 거침없이 길게 벋어 내리다 완만한 경사와 함께 낙동강과 만난다. 능선이 허공을 향해 잠시 멈춘 듯 보이는 곳에 석문이 서 있다. 금정산성의 망대 겸 출입문으로 지금은 해진 옷처럼 세월에 바랜 채 간신히 형체를 유지하고 있다. 주위에는 성곽을 쌓았던 돌들이 무너져 여기저기 흩어져 있다. 이곳의 공식 명칭은 금정산성 제1건물터다.

장골봉의 동쪽 면은 사시골이다. 사시골에는 긴 골짜기를 따라 숲이 우거지고 맑은 계곡천이 흘러내린다. 서북쪽 면은 낙동강을 마주보고 있다. 낙동강 큰 물길이 마치 산을 향해 안기듯 굽이쳐 흐른다. 바로 이곳 배산임수 지형을 따라 산자락에 마을들이 들어서 있다. 그리고 장골봉이 만든 골짜기들은 마을과 마을의 경계이자 주민들의 삶의 터전으로 마을 이야기에 스며들어 있다. 부산과 양산의 경계를 이루는 소바우골, 도로만큼이나 큰 산길이 있었다는 도덕골, 넓은 산답을 형성했던 안등골, 화정마을과 율리의 경계를 이루는 따박골 등 크고 작은 골짜기 이름이 지금까지도 전한다.

자연마을 주민들은 장골봉의 골짜기와 강을 의지하면서 삶을 이어왔다. 마을마다 강변에는 외부와 이어주는 나루가 있었다. 자연마을 중에는 동원마을이 가장 오래되었다. 문헌에 보면 1413년(태종 13년)에 동원리와 동원진(동원나루)이라는 지명이 나온다. 원은 고려 시대부터 있었던 숙박 시설이다. 그 후 세조 때에는 수참이 들어서면서 부근에 공창마을이 생겼다. 이 마을에는 동원진과 수참에서 근무하는 공천인 참부가 살았다.

그러나 장골봉 자락에 사람이 거주한 흔적은 선사시대로 거슬러 올라간다. 율리 바위그늘집 유적은 신석기 후기에서 청동기로 바뀌는 시기에 사람이 살았던 자취를 보여준다. 강에서 1km 가량 떨어진 산비탈에 있으며 패총더미와 야외노지, 즐문토기와 석기류 등이 발견되었다. 그 밖에도 원시 신앙을 보여주는 알터바위, 조선시대의 동원진터와 수참지, 효자 천승호와 열녀 이씨 정려비 등 깊은 역사만큼이나 풍부한 문화의 흔적이 이 지역에 남아 있다. 특산물로는 황산강(낙동강의 옛 이름)에서 잡은 잉어회와 장어구이 요리가 일품이었다. 공창마을에서는 직접 만든 누룩으로 막걸리를 빚기도 했다.

미륵봉

낙동강
전망대

제2금샘

부산학생
인성교육원

아문

4

화명수목원   금정산성 서문

국청사

5

죽전교

N
4
S

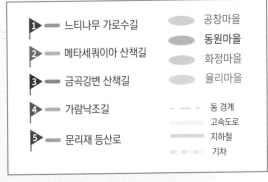

① 느티나무 가로수길

금곡동 효열로는 느티나무 가로수가 있는 산복도로다. 도로는 낙동강 물길과 나란히 달리고 저녁이면 낙조에 물든다. 도로를 따라 공창마을, 동원마을, 화정마을, 율리 네 곳의 자연마을이 있었다. 낙조, 산복도로 그리고 느티나무 가로수. 이 길은 느림의 미학을 느낄 수 있는 공간이다.

율리지하철역 4번 출구에서 지상으로 나오면 금곡대로와 효열로의 교차점에 이른다. 이곳에 우람한 팽나무 한 그루가 있다. 수령이 2백 년쯤 되고 높이는 대략 15m에 달한다. 지상 1m 높이에서 가지가 이리저리 갈라져 넓은 수관을 형성하고 있다. 나무 아래에는 알터바위라고 부르는 커다란 바위가 있다. 바위 표면에 알 모양으로 움푹 팬 곳이 있어 붙은 이름이다. 알터바위는 원시 종교, 민속신앙과 관련이 있다. 옛 사람들이 정화수를 떠놓고 손을 비비며 정성스레 기도했다면 더 먼 과거에는 바위가 정화수 역할을 한 셈이다. 바위 표면을 단단한 물질로 문지르면서 소원을 비는 기원 문화 형식의 하나다. 율리에는 세 개의 알터바위가 발견됐는데 두 개는 사라지고 노거수 아래 하나만 남아 있다. 긴 세월 묵묵히 자리를 지키는 노거수와 알터바위는 이제 달빛에 물든 신화가 되었다.

팽나무를 뒤로하고 오르막길을 따라 걸어보자. 효열로가 시작되는 지점이다. 조선시대 효자 천승호와 열녀 경주 이씨의 선행을 기리기 위해 세운 효자열녀 정려비에서 유래된 도로명이다. 효열로는 산복도로다. 옛날 동원고개 길을 따라 만들어졌다. 도로의 아래위로는 아파트가 빼곡하다. 산복도로답게 길은 이리저리 곡선을 그리고 오르막과 내리막이 번갈아 나온다.

효열로에 들어서면 처음에는 은행나무들이 길옆에서 보행자를 맞이한다. 그러다 금곡주공아파트 4단지가 끝나고 9단지가 시작되는 지점에 이르면 길은 완만한 내리막으로 바뀌고 은행나무 대신 느티나무가 등장한다. 느티나무는 북구 곳곳에 가로수나 조경수로 심어 특별하다고 하긴 어렵다. 하지만 이곳은 사뭇 분위기가 다르다. 가파르고 굴곡져 천천히 걸어야 하는 산복도로와 느리게 흘러가는 느티나무의 시간은 퍽 어울린다. 느티나무는 사람들이 입을 다문 채 앞만 보고 마치 경주라도 하듯 걷는 도심 속 도로에는 어울리지 않는다. 느티나무는 느림의 나무다. 아늑하고 편안한 나무 그늘 아래에 있으면 사람들은 서로 마음 자락을 쉽게 내어준다. 예부터 마을 정자 옆에 이 나무를 많이 심은 이유이기도 하다. 동원고개를 따라 만들어진 효열로는 이러한 느티나무와 잘 어울리는 길이다. 걷다 보면 가로수 아래 느릿느릿 발걸음을 옮기며 대화하는 사람들을 종종 볼 수 있다. 차도 왕래가 드물고 천천히 달린다. 아파트 단지의 높고 긴 옹벽을 따라 걸어야 해서 느낄 수 있는 답답함과 지루함을 느티나무가 덜어준다.

느티나무 가로수는 금곡청소년수련원 부근에서 가장 풍성하게 자태를 뽐낸다. 수련원 정원은 비교적 넓은 공간으로 아기자기하게 잘 꾸며져 있다. 이곳에서 특히 눈길을 끄는 것은 수련원 인근의 금곡근린공원에 있는 효자열녀 정려비다. 정려비 안내문에는 다음과 같이 쓰여 있다.

옛날 금곡동에 살던 천승호는 임진왜란 때 공신 천만리의 후손으로 일곱 살 때 아버지를 여의고 홀로된 어머님을 모시고 살았다. 어느 해 겨울, 어머니께서 중한 병에 걸려 "화사(뱀꽃)를 구해야 병이 낫는다."는 말을 듣고 눈물로 찾아 헤매니 하늘이 감동하여 구할 수 있었다고 하며, 그의 부인 이씨 또한 열녀로서 시모를 지극 정성으로 모시고 남편이 죽은 후 그 뒤를 따르니 이들 부부의

착한 행실이 세상에 널리 알려져 나라에서는 천승호를 통훈대부로, 열녀 이씨를 숙인으로 추증하여, 효자 열녀 비를 1892년(고종 9년)에 금곡동 율리 입구 도로변에 세웠다.

이후 정려비는 1990년 도로 확장으로 인해 금곡중학교로 이전했다가 2013년 8월 24일 지금 자리로 옮겼다.

효열로는 금곡초등학교 앞 교차로에서 오르막길로 이어진다. 느티나무 가로수길을 걸으려면 교차로에서 만나는 금곡대로616번길을 따라 직진한다. 곧이어 금곡도서관이 나오고 옆에 조그만 쌈지공원 입구에 '공창마을' 표지석이 세워져 있다. 옛날 이 지역에 있었던 자연마을의 이름으로 문헌을 보면 조선 초부터 존재했다는 것을 알 수 있다.

효열로를 걷다 보면 공창마을 외에도 역사를 품고 있는 자연마을들을 지나게 된다. 동원마을, 화정마을, 율리이다. 동원마을은 동원과 수참이 설치되었던 지역이었다. 원은 고려시대부터 운영된 일종의 숙박 시설로 낙동강의 동쪽에 있다 하여 동원이라고 했다. 수참은 조선시대 강변 포구에 위치하며 세곡을 보관하고 운송하는 시설이었다. 강변에 있는 동원진(동원나루)에서는 왜와의 교역과 사신 접대를 위한 업무도 보았다. 공창마을은 동원과 수참에서 일하던 참부들이 집단으로 거주했던 마을이다. 동원과 공창마을 남쪽에는 화정마을과 율리가 있다. 화정마을은 꽃과 정자가 많다는 뜻에서 유래했다. 율리는 밤나무가 많은 마을이었다. 율리에는 후기 신석기 유적인 패총과 바위그늘집이 있어 선사시대부터 사람들이 거주했다는 사실과 이 공간이 까마득한 옛날부터 살기 좋은 곳이었음을 증명한다.

바위그늘집 유적은 큰 바위 아래 암굴의 형태를 이루고 있다. 굴의 규모는 너비가 255~270cm, 깊이가 약 230cm이다. 두세 명이

들어갈 수 있는 크기로 임시로 생활한 공간이었을 것이다. 굴 안에는 불을 피웠던 화로(야외노지) 흔적이 세 군데 있고 조리용 돌무더기가 하나 발견되었다. 바위군 주변에도 사람이 살았던 다양한 흔적이 발견되었다. 앞쪽 경사면에는 조개껍질과 생선 뼈, 사냥한 짐승 뼈가 층을 이루었고 돌 도구와 토기 조각이 쌓여 있었다. 굴 안에서도 엄청난 양의 토기 조각과 장신구, 흙으로 만든 물건 등이 출토되었다.

발견된 토기는 신석기 후기 빗살무늬토기이다. 같이 발견된 돌화살, 둥근 모양 도끼 등은 청동기 시대 유물이다. 이로써 바위그늘집 유적은 신석기 시대에 주로 사용되었고 청동기 전기에도 사람이 거주했던 것으로 추측할 수 있다. 유적이 알려지기 전에는 조개껍질이 상당히 많았으나 닭을 사육하는 주민들이 지게로 실어가는 바람에 현재는 거의 찾을 수 없게 되었다. 바위그늘집 유적과 함께 산자락에 있는 조개무지는 우리나라 어디서도 발견된 적이 없다. 고고학계에서는 이곳에서 발굴된 유적과 유물을 율리 문화라는 용어를 사용해 설명하고 있다.

느티나무 가로수길은 가람낙조 아랫길이라고도 한다. 가람은 강을 뜻하는 우리말이다. 강에 낙조가 지는 풍경을 볼 수 있는 아름다운 길이란 뜻이다. 가람낙조길은 윗길과 아랫길로 나뉘는데 윗길은 장골봉 중턱에 조성된 둘레길이다(1-④ 가람낙조길 참조). 강, 낙조, 산복도로 그리고 느티나무 가로수. 이 길에서는 일상 속 번잡해진 마음 한 구석을 비우는 시간을 누릴 수 있다.

② 메타세쿼이아 산책길

메타세쿼이아 산책길은 낙동강과 갈대숲을 끼고 걸을 수 있는 멋진 길이다. 아름드리 메타세쿼이아 나무가 길 양옆으로 멋지게 늘어서 있다. 나뭇가지들은 아치를 만들어 하늘을 덮었다. 바람이 불면 강변의 갈대가 춤을 춘다. 이곳은 혼자 걷는 길이 아니다. 나무와 갈대와 강이 내내 함께 걷는다. 노을이 지면 하늘만 붉게 물들지 않는다. 강과 갈대, 나무도 붉게 물들어 환상적인 풍경을 연출한다.

금곡동과 화명동 주거지에서 철길을 넘어 낙동강변으로 나오면 색다른 세계가 펼쳐진다. 오롯이 자연을 호흡할 수 있는 공간을 만나게 된다. 바로 화명생태공원이다. 옛날 이 지역은 약 3천 동의 비닐하우스가 난립해 있었다. 2007년 비닐하우스를 철거하고 강변 둔치를 정비하던 중 4대강 사업에 포함되면서 생태공원으로 조성되었다. 사업 기간은 2009년 12월에서 2012년 12월까지였고 총 사업비는 약 295억 원이었다. 규모는 구포낙동강교에서 대동화명대교까지 낙동강 둔치 지역을 따라 길이 7.74㎞, 면적 2.54㎢로 이루어져 있다. 공원 내에는 야구장, 축구장, 농구장 등 체육 시설과 요트 계류장, 수상 레포츠 타운 등이 있다. 곳곳에 조성된 습지에는 수생식물이 자란다. 낙동강 생태 탐방선을 통해 을숙도에서 양산 물금까지 배를 타고 자연을 즐길 수도 있다.

화명생태공원은 크게 두 구역으로 나뉜다. 화명구민운동장을 중심으로 북쪽의 금곡동과 화명동, 남쪽의 덕천동과 구포동이다. 북쪽 구역으로는 메타세쿼이아 산책길이 잘 조성되어 있다. 갈대, 석양, 메타세쿼이아와 길 따라 심어진 나무수국을 볼 수 있는 산책길이다. 상대적으로 개발이 덜 되어 다양한 야생 식물들과 수변 경치를 만날 수 있다. 생태공원 내에 멋진 산책길이 많지만 메타세쿼이아 산책길은 군계일학이다. 굵은 둥치를 뽐내는 메타세쿼이아 나무가 길 양쪽으로 늘어서 아치를 이룬다. 이 길을 걷기 전에는 하늘을 한번 올려다보자. 일단 산책길로 접어들면 넓은 하늘을 볼 수가 없을 것이다.

메타세쿼이아는 낙엽침엽수로 보통 30m 이상 자란다. 암수한그루 나무이고 2~3월에 꽃이 피는데 수꽃이 먼저 피고 암꽃이 나중에 핀다. 꽃말은 영원한 친구, 위엄이다. 메타는 '뒤, 나중에'라는 뜻이다. 기존의 세쿼이아와 다른 종으로 밝혀지면서 붙여진 이름이다. 수삼

나무라고도 부른다. 백악기에 번창했던 식물로 멸종된 것으로 여겨졌으나 1940년대 중국 사천성 계곡에 자생하는 것을 발견한 후 번식시키는 데 성공하여 현재는 다른 지역에서도 볼 수 있다. 현존하는 3종의 화석식물 - 은행나무, 소철, 메타세쿼이아 - 가운데 하나다.

메타세쿼이아 산책길로 가는 방법에는 여러 가지가 있다. 여기서는 화명동에서 시작해 금곡동으로 가는 길을 소개한다. 철로 아래를 통과해 화명생태공원으로 진입하는 연결 보도를 이용하면 된다. 화명동 학사초등학교 부근에 있는 'Fantasy'라는 이름의 연결 보도를 이용해 보자. 이곳을 통과하면 곧바로 강변에 이르고 메타세쿼이

아 나무가 길을 따라 줄지어 서 있는 것을 보게 된다. 메타세쿼이아 산책로 입구다.

산책로를 걷기 위해서는 강변을 마주보고 오른쪽으로 방향을 잡는다. 길에 들어서면 서쪽으로는 낙동강 넓은 강물이 평화롭게 흘러가고 동쪽으로는 상학산과 금정산이 푸른 하늘을 배경으로 우뚝 솟아 있다. 강변 여기저기 갈대와 야생화가 그림처럼 펼쳐져 있다. 산책길 중간에 파크골프장과 화명운동장이 있다. 운동장은 상당히 넓다. 축구장이 두 곳 조성되어 있고 운동 기구와 벤치가 많이 설치되어 있어서 휴식하기에 좋다.

산책로는 화명운동장 부근에서 두 갈래로 갈라진다. 한쪽은 강변에 가깝고, 다른 한쪽은 내륙 쪽이다. 두 길은 화명생태공원이 끝나는 지점에서 만난다. 어느 길이든 잘 정비되어 있어 걷기 쾌적하다. 강변에 가까운 길을 선택하면 메타세쿼이아 길을 강물과 함께 걷는 느낌이 든다. 이러한 경치를 구경할 수 있는 곳은 전국적으로도 흔치 않다. 특히 석양 무렵에는 환상적인 풍경이 펼쳐진다.

내륙 쪽 길을 선택한다면 운동장 울타리를 따라 오른쪽

길을 따라가면 된다. 얼마 걸어가지 않아 길은 북쪽으로 방향을 바꾼다. 곧이어 대천천을 가로지르는 동원진교를 만난다. 그뒤로 길은 일직선으로 시원하게 멀리 뻗어 있다. 폭이 넓고 보행자 우선 길이라 자전거를 의식하지 않고 걸을 수 있다. 길 양쪽에 늘어선 메타세쿼이아 가지들이 서로 닿을 듯 뻗어 아치를 이루는데 사이에 나무수국 꽃이 얼굴을 내밀고 있다. 나무수국은 7~8월에 꽃이 핀다. 꽃잎이 처음에는 연두색에서 한여름에 흰색과 분홍빛이 도는 흰색으로 변한 후 늦가을에는 갈색으로 변한다.

길 왼편에는 향나무 밭이 조성되어 있고 입구에 '낙동강 희망의 숲'이란 팻말이 세워져 있다. 숲속에는 타임캡슐이 묻혀 있다. "담는 날 2011. 3. 29. 여는 날 2031. 3. 28." 이라 쓰여 있다. 길 오른편으로는 어린 나무들이, 고가 다리 밑으로는 체육 시설이 들어서 있다. 계속 북쪽으로 걸어가다 보면 어느덧 강변길과 합한다. 길은 계속 북쪽으로 이어지지만 화명생태공원은 이곳에서 끝난다. 메타세쿼이아 산책로가 회귀하는 지점이기도 하다. 남쪽을 바라보면 강을 가로지르는 사장교가 눈에 들어온다. 대동화명대교가 푸른 강물 위로 그림같이 서 있다.

메타세쿼이아 산책길은 명품길이다. 생태공원 조성 당시 옮겨 심었던 묘목들이 이제는 아름드리 큰 나무로 자라 꽃이 피고 열매도 맺고 길 위에 그늘을 드리운다. 물을 좋아하는 나무의 속성과 환경이 잘 맞아 빨리 자란 듯하다. 아름다운 길은 걷는 이에게 사유의 공간을 제공한다. 산책길에서는 철학자가 되고 시인이 되고 음악가도 된다.

메타세쿼이아는 인류의 역사보다 더 긴 시간을 살아왔다. 나이테에는 온갖 희로애락이 녹아 있을 것이다. 그러나 나무는 억겁의 시간을 하루의 행복으로 바꾸는 법을 알고 있을 것이다. 앞으로 살아갈 억겁의 시간까지 품은 채…. 길 양편으로 아치를 이룬 메타세쿼이아 큰 나무들이 길게 벋어간다. 멀리 가지들이 점점 낮아지고 길도 점점 사라지는 곳에 마치 무대의 커튼처럼 푸른 장막이 드리운다. 그러나 이 길을 걷는 이는 알게 될 것이다. 감추어진 공간이 열리는 순간 또 다른 장막이 보인다는 것을. 그곳을 향해 다시 걸어야 한다. 인생이 길이라면 걷는 것은 삶이다. 멀리 감추어진 소망을 향해 걸어가는 것이 삶이다.

메타세쿼이아 가지들이 손을 맞잡은 산책길에 노을이 내려앉으면 금빛으로 물든 길 위에 나무들의 긴 그림자가 마치 피아노 검은 건반처럼 깔린다. 강바람에 갈대가 흔들리면 길은 아름다운 세레나데를 연주하듯 걷는 이의 하루를 잔잔한 행복으로 이끈다.

③ 금곡강변 산책길

금곡강변 산책길은 낙동강을 바로 곁에 두고 금곡으로 벋어
있다. 물결이 철썩이는 소리가 적막한 공간에 크게 울린다. 긴
강이 느긋하게 곡선을 그으며 흐르고 길은 강을 따라 돌아간
다. 강 건너 대동의 산들이 강물 위로 그림자를 던지고 있다.
한 폭의 수묵화다. 이 길을 걷는 자는 자유를 느낄 것이다.

금곡강변 산책길은 앞서 소개한 메타세쿼이아 산책길이
끝나는 지점에서 시작된다. 메타세쿼이아 행렬이 만든
울창한 길을 벗어나 북쪽으로 벋어가는 산책길로 접어들
면 주변 풍경이 완전히 달라진다. 일제강점기에 제방을 쌓
은 뒤로 낙동강은 직선으로 흐르게 되었다. 그러나 금곡
일대는 그대로 두어 강을 인위적으로 가두지 않았다. 걸으
면서 북쪽으로 눈길을 주면 멀리 높고 낮은 산들이 그림
처럼 서 있고 강물이 그 사이로 곡선을 그리며 평화롭게
흐른다. 남쪽을 바라보면 물길이 장골봉 기슭을 감고 돌아
간다. 강 건너 김해 대동은 제방이 있으나 느슨하여 강에
서 멀리 물러난 시골의 나지막한 둑길처럼 보인다.

산책길은 자전거 도로와 산책로로 나뉘어 조성되어 있
다. 초입에는 율리에서 들어오는 생태공원 출입구가 저

만치 보이고 체육 시설물이 조성되어 있다. 강변에는 큰 수양버들이 군락을 이루고 있다. 오른편으로는 산자락을 끼고 기찻길과 지상 전철길이 직선으로 죽 벋어간다. 간혹 열차가 달리면서 내는 특유의 덜컹거림은 산책길에서 만나는 즐거운 소릿결이다.

강변산책길은 낙동강을 곁에 두고 금곡과 양산 호포 방향으로 벋어 있다. 물결이 강변에 부딪혀 철썩이는 소리가 지척에서 들린다. 띄엄띄엄 메타세쿼이아 나무도 서 있다. 길 한복판을 따라 화단을 가꾸고 꽃잔디를 심었다. 5월 초 꽃잔디의 분홍 꽃이 피면 푸른 강물, 푸른 하늘과 어울려 산책길에 물감을 뿌린 듯하다. 그러나 이 길의 주인공은 메타세쿼이아도 꽃잔디도 아니다. 탁 트인 강변을 따라 무심하게 흐트러져 자라고 있는 크고 작은 갈대와 물억새다. 그 옆으로 강은 산자락을 따라 편하게 굴곡을 이루면서 흐르고 산책길은 강을 따라 자유롭게 곡선을 그린다. S자로 곡선을 그리는 야생의 강에서 낙동강의 민낯을 즐길 수 있다.

산책길에 접어들어 10분쯤 걷다 보면 큰 팽나무 한 그루와 은행나무 두 그루가 서 있는 쉼터를 만난다. 팽나무는

500년 수령의 노거수였으나 1979년 태풍으로 밑동이 부러졌다. 그 뒤 나무에서 새로운 줄기가 나와 지금 모습으로 성장했다. 당시 팽나무 옆에 심은 은행나무 두 그루도 이제는 크게 자라 쉼터 위에 그늘을 드리운다. 쉼터 옆에 동원진을 설명하는 안내판이 있다. 동원진은 일왕 사절단이 배편으로 한양에 갈 때 하룻밤을 묵었던 장소였다. 사절단은 삼포인 부산포(부산진), 내이포(진해 웅촌), 염포(울산 방어진 부근) 가운데 한 곳을 거쳐 동원진으로 왔다.

조선 시대 왜와의 무역에서 왜왕 사절단이 낙동강 물길을 따라 한양으로 올라가는 행렬은 큰 규모로 이루어진 대표적인 행사였다. 동원진은 조선 시대 왜와의 외교 및 무역에 중요한

역할을 했다. 동원의 역사는 고려 시대로 거슬러 올라간다. 과거에는 마을에서 조금만 벗어나도 험하고 인가가 드문 데다 곳곳에 도적이 들끓었기 때문에 마땅한 숙박 시설이 없었다. 따라서 고려시대만 해도 주로 사찰이 숙박 시설의 기능을 맡았다. 중세 유럽도 사정은 마찬가지여서 수도원이나 성당이 그러한 역할을 했다. 고려 후기에 국가가 지방을 효율적으로 통치하고자 교통망과 숙박 시설을 정비하고 역과 원 제도를 도입했다. 조선 시대에는 역원제를 본격적으로 운영하면서 책임자로 종6품 찰방을 두었다.

동원은 '동쪽에 있는 원', 동원진은 '동원에 설치된 나루'라는 뜻이다. 동쪽은 기준점에 따라 달라질 수 있다. 낙동강을 기준으로 하면 금곡 강변이 동쪽이고 김해를 기준으로 하면 낙동강의 서쪽 강변인 김해 월촌리가 동쪽이다. 그렇다면 동원진은 두 곳일까? 그렇다. 고지도나 고문헌에는 낙동강을 사이에 둔 부산 북구 금곡동과 김해 월촌리 월당나루를 동원진으로 표시하고 있다. 일왕 사절단 영접을 두 나루에서 분담했다고 추측할 수 있다. 원래 사절단의 기착지는 도요저의 도요나루(김해 생림면)였다. 그러나 왜왕사절단이 처음 도착한 삼포에서 도요나루까지는 뱃길이 멀었다. 이러한 어려움을 해결하기 위해 1457년(세조 3년)에 도요나루의 수참을 남쪽인 동원진으로 옮겼다.

일본 국왕 사절이 가져온 예물과 교역 물품은 동원진에 기착시켜 거두어들였다. 그 뒤 왜인의 물품은 낙동강을 거슬러 올라 성주의 화원창에 수납되었다가 상주 함창을 거쳐 육로로 문경 조령관(새재)을 넘어 충주로 간 뒤 남한강 수로를 이용하여 한양에 도착했다. 상경하는 일본 사절에게는 일정한 식량이 지급되었는데 동래부에서 저장하고 관리했다가 동원진 수참을 통해서 나누어주었다.

금곡강변 산책로는 율리, 화정, 동원, 공창마을이 있던 강변을 지난다. 옛날 강변에는 각 마을의 나루터가 있었다. 그리고 마을 특산물을 파는 가게도 있었다. 동원마을 강변에는 지역 명산물인 잉어와 장어 요리를 파는 주막집이 1990년대까지도 성업했다. 그러나 낙동강 하구언이 생기고 장어가 사라지면서 지금은 옛 명성 속에 몇 군데만 남아 있다. 동원마을과 공창마을 강변을 지날 때면 작은 어선 몇 척이 떠 있는 것을 볼 수 있다. 갈대 사이로 물결 따라 조용히 흔들리는 어선들은 산책길을 더욱 운치 있게 만든다. 공창마을은 누룩으로 유명했다. 산성마을보다 역사가 훨씬 오래되었다. 동원 수참에 소요되는 술을 조달하기 위하여 역촌인 이 마을에서 누룩을 생산하게 된 것으로 보인다. 아마도 옛날에는 공창마을 나루에서 멋진 막걸리를 맛볼 수 있었을 것이다. 그러나 흘러가는 세월을 잡을 수 없듯 변화하는 문화도 멈춰 세울 수 없다. 옛 모습은 사라지고 다만 기록에서만 찾아볼 수 있을 뿐이다.

북쪽을 향해 계속 걷다 보면 금곡지하철 역사가 보이고 공창마을에서 흘러내리는 계곡천이 낙동강과 합류하는 지점에 이른다. 지하철 선로 옆으로 경부선이 평행을 그리면서 지나간다. 경부선 철도 아래에 계곡천이 흐르는 지하 수로가 있고 수로 옆으로 금곡지하철 역사로 가는 보행 통로가 있다. 이곳에서 산책을 마치고 원점회귀 하거나 지하 보행로를 통해서 지하철 역사로 빠져나갈 수 있다.

그러나 산책로를 따라 계속 강을 거슬러 올라가면 예상하지 못한 또 다른 즐거움이 시작된다. 지하 보행로를 무시하고 계속 양산 쪽으로 향하는 강변길을 걷다 보면 곧이어 부산과 양산을 구분 짓는 안내판이 나온다. 이곳부터 약 5분 정도의 길은 자전거 전용도로만 있어 조심해야 한다. 얼마 안 가 두 갈래 길이 나온다. 직진하는 자전거 전용 도로와 옆으로 곡선을 그리며 강변 쪽으로 향하는 산책길이다. 이 길도 예전에는 자전거 도로였다. 최근에 자전거 도로를 새로 내면서 옛 길은 호젓한 강변길로 산책하기 좋은 곳이 되었다.

인적 없는 텅 빈 공간. 길옆으로 푸른 강물이 넘실거린다. 반대편으로는 키 큰 갈대와 물억새가 넘실거린다. 떨기나무 몇 그루가 갈대밭의 경치에 변화를 준다. 넓은 산책길 중간중간 아름드리 팽나무를 심어 쉼터를 만들었다. 꾸불꾸불 샛강들이 갈대와 물억새 사이 숨바꼭질하듯 보인다. 길은 큰 곡선을 그리면서 강을 따라 돌고 있다. 강변의 적막은 숨소리조차 울릴 듯 조용하다. 들리는 것은 물결 소리, 갈대를 스쳐 지나가는 바람 소리뿐이다.

낙동강과 양산천이 합류하는 지점에 도달하면 양산천이 막고 있어 더 이상 전진할 수 없다. 방법은 두 가지다. 왔던 길로 다시 걷거나 양산천을 가로지르는 다리 밑을 통과해 호포마을에 들어선 후 지하철을 이용하면 된다. 금곡강변 산책길은 숲이 없기 때문에 한여름에는 피하는 것이 좋다. 그 외에는 어떤 계절이든 별유천지다. 금곡강변 산책길은 자유의 길이다. 본연의 모습과 속도로 흐르는 강물처럼 이 길을 걷는 자는 자유를 느낄 것이다.

④ 가람낙조길

대도시에서 자연의 숲을 만나기란 어려운 일이다. 그러나 도심에서 조금만 벗어나 장골봉 산자락으로 들어가 보자. 짙은 숲 속에 숨은 듯 산허리를 감싸고 돌아가는 가람낙조길을 만나게 된다. 이 길에는 선사시대부터 지금까지 수많은 발자국의 기억이 남아 있다. 길 위에는 산들바람에 낙엽송 잎들이 하늘거리고 맑은 하늘을 배경으로 흰 구름이 거침없이 흘러간다. 숲에는 물소리, 산새들 재잘거림이 귀를 간질인다. 길 아래로는 넓은 강 물결이 넘실거리고 그 위로 수줍은 듯 붉게 내려앉는 낙조가 어우러진다. 가람낙조길은 장골봉 산자락이 내어준 숨결이 흐르는 숲길이다.

가람낙조길은 북구청에서 2007년부터 조성한 금정산과 백양산을 연결하는 약 20km의 웰빙 산책로의 일부이다. 보통은 산책로를 정비할 때 기존 임도나 산길을 확장하는데 가람낙조길은 자연 훼손을 최소화하기 위해 나무나 바위가 있는 곳을 우회하면서 만들었다. 가람낙조길 전체 구간은 장골봉 정상을 가운데 두고 한 바퀴 도는 둘레길이다. 여기서는 산의 남쪽과 서쪽 산허리를 잇는 구간을 소개한다. 화명수목원에서 출발해 금곡동 진흥사 앞

도로로 하산하는 코스로 길이는 약 6.5km에 이른다.

산성마을로 가는 마을버스를 타고 화명수목원 입구에서 하차해 산행을 시작한다. 산행 전 화명수목원 바로 아래 조성된 대천천 누리길(2-⑤ 참조)을 둘러보는 것도 괜찮다. 특히 8월 즈음에는 길을 수놓는 갖가지 화려한 꽃을 볼 수 있다. 누리길 내 전망대에서 금정산 산세를 둘러보고 산행을 시작하면 한결 마음이 설렐 것이다. 둘레길을 열어주고 있는 우람한 장골봉과 정상 부근의 큰 바위가 한눈에 들어오는 곳이다. 전망대에서 화명수목원까지 연결 보도도 가설되어 있어 쉽게 오갈 수 있다.

둘레길 출발지는 화명수목원 안쪽 수서생태원을 지나면 만날 수 있다. 수목원 입구에서 두 개의 다리를 건너야 한다. 첫 번째 다리는 대천교다. 다리 밑으로 수박골에서 흘러내리는 계곡천이 흐른다. 두 번째 다리는 오작교다. 다리 밑으로 사시골에서 흘러내리는 계곡천이 흐른다. 두 계곡천은 수목원 바로 아래에서 작은 소를 만들며 합수한 후 대천천 큰 물줄기가 되어 하류로 흘러간다. 두 번째 다리를 건너서 가다 보면 오른쪽으로 울타리가 보인다. 울타리를 따라 산길이 나 있고 아치형 출입문을 만들어

놓았다. 둘레길 출발 지점이다.

그곳에서부터 둘레길을 따라 150m 지점, 1.5km 지점,
2.3km 지점, 3.3km 지점 등 곳곳에 이정표가 설치돼 있
다. 몇 군데 갈림길이 있지만 큰길을 따라 직진하면 된다.
숲이 우거지고 다양한 수목을 볼 수 있다. 소나무, 때죽나
무, 굴참나무 등. 특히 생강나무, 사스레피나무가 눈에 많
이 띈다. 좌우로 나무 하나하나 살피는 데 흥미가 없다면
가만히 귀를 기울여 보자. 대천천 물소리와 이따금 들리
는 새소리 사이로 등산객의 두런거리는 소리가 들린다.
특히 여름에는 미친 듯이 울어대는 매미 소리가 길을 가
득 메운다.

약 2km쯤 가면 쉼터가 있다. 제법 넓은 나무데크 위에 의
자가 갖추어져 있다. 바로 옆에 계곡물을 받을 수 있도록
간단히 pvc 파이프를 설치해 두었다. 졸졸 흐르는 물은
시원하고 깨끗해 등산객에게 인기 만점이다. 작은 물웅
덩이에 손을 담그거나 흘러나오는 물을 마시기도 하고
가지고 온 생수병에 물을 담기도 한다.

둘레길은 굴곡이 많다. 발밑의 돌이 걸음을 더디게 만든

다. 때때로 가파른 암석 길을 만나기도 한다. 길은 왼쪽으로 대천천을 나란히 끼고 장골봉의 산기슭을 따라 나 있다. 보통 산기슭으로 난 산책길은 평평하면서 완만하게 오르막이거나 내리막이다. 그러나 이 길은 오르막과 내리막이 마치 파도치듯 짧은 거리에서 반복된다. 내려간 길만큼 곧바로 올라가고, 올라간 만큼 곧이어 내리막이니 참으로 공평한 길이다. 작은 계곡도 많다. 계곡마다 둥근 나무를 묶어 만든 다리, 나무데크를 이용한 다리, 돌을 다듬어서 만든 작은 돌다리 등 다양한 다리가 놓여 있다.

짙은 숲길을 따라 걷다 보면 오거리가 나오고 옆에 쉼터 정자가 보인다. 정자 마루에 앉으면 숲 사이로 강바람이 살랑살랑 불어와 땀을 식혀준다. 어느덧 숲길은 방향을 크게 틀어 산의 서쪽 경사면으로 접어든 듯하다. 나무에 가려 보이지는 않지만 저 아래 낙동강 물줄기가 흘러가고 있을 것이다. 휴식을 취하며 주위를 둘러보면 정자 주위에 때죽나무 열매가 주렁주렁 달려 있는 것을 볼 수 있다. 때죽나무 꽃이 피는 5월 초에는 화려한 종 모양의 꽃을 감상할 수 있다. 갈림길에 율리 패총 0.1km 안내판이 보인다. 부산인재개발원 3.7km라는 표시도 보인다. 산행을 멈추고 싶으면 이곳에서 율리 패총 방향으로 내려가면 된다. 경사가 조금 급하다. 조심스럽게 걸음을 옮기다 보면 율리 바위그늘집 유적과 패총 터를 만나게 된다. 유적을 뒤로하고 300m쯤 내려가면 포도원교회가 나오고 포장도로가 나온다.

계속 산행을 원한다면 부산인재개발원 방향으로 길을 잡으면 된다. 산길은 장골봉의 서쪽 산허리를 끼고 북쪽으로 나아간다. 평탄하여 편안하게 걸을 수 있다. 얼마쯤 가면 사스레피 군락지를 만난다. 사스레피는 차나무과에 속하는 상록 활엽 관목이다. 한자로는 야차(野茶), 즉 야생 차나무라는 뜻이다. 얼핏 보면 차나무나 동백나무와 비슷하다. 사스레피 군락지를 따라 산길은 계속 이어진다. 키 작은 관목과 덤불 나뭇잎들이 만든 멋진 아치 사이로 길은 미지의 공간으로 들어가는 듯 이어진다. 거목이나 노거수가 없는 산길. 아기자기하고 고만고만한 키 작은 떨기나무들이 줄을 잇고 있다. 발아래 밟히는 땅이 순하다. 거칠고 딱딱한 돌부리가 없어 걷기 좋다. 출발지 부근과 차이가 난다.

길은 짙은 숲속을 꾸불꾸불 이어간다. 걷다 보면 작은 나무들 사이로 키가 큰 교목도 이따금씩 보이기 시작한다. 나무들 사이로 얼핏 금곡동 아파트 일부가 보였다 이내 사라진다. 어느새 길이 경사를 이루면서 오르막을 시작한다. 전망대에 이르기 전의 오르막이다. 난코스에서는 한 걸음 한 걸음 천천히 나아가는 것이 상책이다. 앞으로 가다 보면 어느덧 전망대에 이른다. 갑자기 시야가 탁 트인다. 낙동강 물줄기가 양산을 거쳐 전망대를 향해 굽이굽이 흘러 안기듯 들어온다. 전망대에서 바라보는 낙동강 물길은 가람낙조길의 하이라이트다. 이곳에 서면 왜 이 둘레길을 걷는지 답을 얻을 수 있다.

한뫼가람. 낙동강의 또 다른 이름이다. 넓고 넓은 들판을 가로지르는 큰 강이란 뜻이다. 낙동강이 양산 앞에서부터 넓은 평야를 따라 흐르는 모습을 묘사한 표현이다. 전망대는 낙동강을 바라보며 지친 몸을 잠시 쉬고 가기에 안성맞춤이다. 해가 질 무렵이면 길 이름이 가람낙조길인 이유도 알게 될 것이다. 강과 산과 들판이 온통 석양으로 붉게 물든다. 산길을 걷는 이의 얼굴도 붉게 물든다. 이곳에서 보는 낙동강은 1,300리를 흘러오면서 자신을 낮추고 낮추어 영남 땅에 흐르는 약 622개 지류를 품안에다 받아들였다. 그리고 마침내 꿈꾸던 바다와 만나기 위해 이리저리 크게 굽이친다. 전망대에서 흘러가는 낙동 강을 바라보다 보면 서서히 낙동강의 큰 품을 닮아가는 것을 느낄 것이다.

산길은 금곡주공 3단지 위쪽으로 벋어간다. 전망대를 지 난 산길은 다른 얼굴이 된다. 아기자기한 관목 대신 키 큰 나무들이 주를 이루고 발밑에는 부드러운 흙 대신 크고 작은 돌이 밟힌다. 교목이 울창한 숲을 이루며 가지와 잎 으로 하늘을 가린다. 주위는 조도가 많이 떨어져 한낮인 데도 어둠이 섞인다. 푸른 하늘과 밝은 햇빛은 키 큰 나무 우듬지의 몫이 되어버렸다. 다행히 길은 제법 넓어 두 사 람이 나란히 걸을 정도로 여유 있다. 모퉁이를 돌면 길은 깜짝 쇼를 펼친다. 교목이 내어준 길옆의 좁은 공간을 따 라 쪽동백나무가 군락을 이루고 있다. 크고 둥근 나뭇잎 들이 가는 줄기에 촘촘히 달려 있다. 바람 한 점 없는데도 적막 가운데 이파리들이 흔들린다. 내가 느끼지 못하는 미풍을 느끼는 것일까?

산허리를 돌면 쪽동백나무는 사라지고 돌의 규모가 위협 적으로 커진다. 간혹 집채만 한 돌이 토르를 이루면서 여 기저기 길을 막는다. 산길은 용케도 바위와 급경사면을 피하면서 이어진다. 군데군데 짧은 다리가 많다. 출발지 부근과 마찬가지로 여기서도 다리가 계곡을 이어주고 거친 바위틈을 연결한다.

바위 길을 걷다 보면 갈림길이 나오고 안내판이 서 있다. 내려가는 길은 금곡주공 3단지로 향하고 오르막길은 고당봉을 향한다. 오르막길을 선택한 후 조금 걷다 보면 또다시 갈림길이 나온다. 이번에는 오르막 대신 산허리와 나란히 가는 길을 선택해 걸어가면 곧이어 직진하는 길과 내려가는 길을 만난다. 여기서 내려가는 길을 택해 하산한다. 길은 급경사를 이루고 바위투성이이다. 한 번에 한 걸음씩 집중해 조심조심 걸어야 한다. 길 안내가 없어서 불편하지만 산길은 대체로 봉우리로 오르는 길과 하산하는 길이 어느 곳이든 있게 마련이다. 여기서 놓치면 저기서 다시 찾으면 된다. 그러나 이 부근은 안내판이 있어야 할 것 같다.

전망대까지는 순하던 길이 이 부근에서는 급경사와 돌길로 바뀌어 장골봉 산세의 힘을 아낌없이 보여주는 듯하다. 하산 막바지에 이르면 동네 체육시설과 쉼터가 보인다. 금곡동 아파트가 즐비하게 늘어서 있는 것도 보이기 시작한다. 곧바로 포장도로로 이어질 것 같은 산길은 작별인사를 미루고 멋진 나무데크로 안내한다. 양쪽에 나무들이 늘어서 숲속을 걷는 느낌의 길이다. 긴 나무데크를 따라가다 보면 공창마을 집수정 시설을 볼 수 있다. 지금은 수도 시설이 잘 되어 있어 사용하지 않지만 여전히 유지 관리를 잘하는 듯하다. 공창마을로 흘러가는 계곡천도 볼 수 있다. 나무데크가 끝나는 곳에서 계단을 내려오면 진흥사 입구 간판이 보인다. 둘레길은 여기서 마무리된다.

⑤ 문리재 등산로

금정산은 부산의 주산이다. 가장 높은 봉우리는 고당봉이다. 정상에서 여러 갈래로 낮은 봉우리들이 힘차게 번어간다. 그 중에 금정산성을 품고 있는 봉우리들을 살펴보면 한 갈래는 원효봉, 의상봉, 대륙봉, 동제봉, 상학산이고 또 다른 갈래는 미륵봉, 장골봉이다. 금정산성은 우리나라에서 제일 긴 산성이다.

산성이 언제부터 있었는지는 알 길이 없다. 문헌에는 임진왜란이 끝나고 산성의 필요성을 느껴 축조하기 시작했다는 기록이 있다. 대역사 끝에 1703년 숙종 때 완공했다. 1707년 산성 내부의 동쪽과 서쪽을 가로지르는 중성을 쌓았고 1807년 서문을 축조하여 성문이 모두 완공되었다. 현재 금정산성은 네 개의 성문과 네 개의 망루, 회문(암문, 아문, 석문)을 갖추고 있다. 고지도인 금정산성진지도에는 네 개의 성문이 있고 본성과 중성에 망루 열두 곳이 있었던 것으로 나온다.

산성으로 가는 길은 크게 문리재, 산성재, 북문재, 모래재로 나뉜다. 여기서 소개할 코스는 문리재 산행길이다. 문리재는 산성로를 통과해야 한다. 요즘이야 2차선 도로가

죽전교 ⚡ 국청사 ⚡ 사시골 ⚡ 아문리 전답터 ⚡ 제2금샘 ⚡ 암문 ⚡ 전망대 ⚡ 장골봉 석문 ⚡ 아문 ⚡ 서문 ⚡

화명수목원 = 약 3시간 소요

잘 정비되어 있지만 옛날 산성로는 길이 험했다. 서문 근처에는 말구부랭이라는 지명이 전해온다. 말이 굴러 떨어졌던 곳이라는 뜻이다. 산성로를 따라 깊숙이 올라가면 금정산 높은 봉우리들로 둘러싸인 분지가 나온다. 평평한 분지에 마을이 들어서 있다. 산성마을이다.

산성마을은 죽전마을, 중리, 공해마을로 이루어져 있다. 그러나 옛날에는 한 곳 더 있었다. 아문리라는 마을이다. 1872년 제작된 금정산성진지도에 보면 문리재 부근에 아문리라는 마을이 표기되어 있다. 가옥은 다섯 채다. 현재 학생인성교육원이 있는 자리로 1989년 교육원 신축 때 파괴되었다. 당시 집터가 두 채 더 발견되면서 총 일곱 가구였을 것으로 추측한다. 지금은 주민들이 경작한 논밭의 흔적만 어렴풋이 남아 있는데 그마저도 무성한 풀에 덮여 습지로 변했다. 돌절구도 1기 발견되어 근처 정수암에 보관되어 있다.

문리재는 아문리 고갯길이라는 뜻이다. 아문리 사람들이 산 아래 공창마을로 왕래했던 고갯길이다. 아문리는 사기마을로 사찰 구역에 거주하면서 전답을 경작해 승려들의 양식을 보급하고 사찰 경비를 충당했다. 또 종이와 화살대, 누룩 생산, 소나무 가꾸기 등 노역도 했다. 금곡동 공창마을에서 필요한 물품을 운반하는 일도 맡았다. 이때 드나든 성문이 바로 아문이었다.

문리재로 가기 위해서는 마을버스를 타고 산성마을 입구에 있는 죽전교에 내린다. 죽전마을을 통과하면서 금정진 관아터를 볼 수 있다. 오르막길을 계속 가면 마을을 벗어나면서 금정산성 중성 안내판이 보이고 국청사 앞을 지나간다. 학생인성교육원으로 가는 비교적 넓은 차도다. 교육원이 보이는 부근에서 산속으로 나 있는 좁은 길로 접어들어야 한다. 입구가 눈에 잘 띄지 않기 때문에 유심히 보아야 놓치지 않는다. 숲길을 따라 조금 올라가면 두 개의 갈림길이 나온다. 농원 팻말 쪽이 아닌 직진하는 길을 따라 계속 올라가 사시골 계곡을 가로질러야 한다. 산길이 흐릿하여 간혹 방향을 잃는 경우가 있으니 조심히 길을 찾아야 한다. 계곡을 건너면 수초가 풍성하게 자란 습지를 만난다. 그다지 넓지 않지만 산곡에서는 찾기 힘든 평지를 이루고 있다. 앞서 언급했던 아문리 사람들이 경작하다 버려둔 다락논 흔적이다. 지금은 금정산에서 몇 안 되는 자연 습지 중 하나이다.

국청사 근처에 지금은 사라진 해월사라는 절
도 있었다. 1708년 숙종 때 중창된 해월사는
국청사와 더불어 산성과 성문을 관리하고 수
비하는 방어 사찰이었다. 숙종 때의 기록을 보
면 두 절에는 승병 100여 명이 있었으며 범어
사 승려 300여 명과 함께 산성을 수비했다. 또
한 동래, 양산, 기장 세 읍에 있는 사찰과 암자
의 승려 800여 명으로 승병작대를 편성해 유
사시에는 이들이 산성을 방어하도록 했다.

아문리 마을과 해월사 외에 산성마을에는 사
라진 지명이 하나 더 있다. 지소라는 곳이다.
금정산성진지도를 살펴보면 해월사와 아문리
부근에 지소라는 명칭과 함께 세 채의 집이 그

려져 있다. 소는 조선시대 특수 지방 행정 구역 중 하나로 수공업품이나 특산품 생산을 담당했다. 지소는 나라에 공물로 바치는 종이를 만드는 곳이었다. 아문리 사람들과 승려들이 지소에서 한지와 부채를 만들었다. 지소에서 만든 부채는 동래 지역뿐 아니라 한양의 고관대작과 양반들의 필수품이었다. 그러나 모든 공정이 수작업으로 이루어졌다. 지역 문화를 대표하는 영광의 뒷면에는 아문리 사람들과 해월사 승려들의 땀과 고된 노동이 오롯이 자리 잡고 있었다.

해월사 승려들은 지소에서 한지를 제작하는 일 외에도 산성을 수비하는 임무와 많은 잡역을 해야 했다. 결국 잡역을 피하기 위해 승려들 가운데 환속하는 무리가 생기기 시작했다. 19세기 무렵에는 승려 수가 부족해지고 충당하기도 어려워졌다. 한때 많은 승려들이 기거했던 해월사는 폐사되었다. 승려들이 떠나자 아문리 사람들도 뿔뿔이 흩어져 마을도 해체되었다.

문리재를 넘기 위해서는 습지를 뒤로하고 계속 올라가야 한다. 산행에서 가장 난코스다. 천천히 오르다 보면 제2 금샘을 만나게 된다. 금샘을 이룬 큰 바위 위에서 아래에 펼쳐진 산성마을을 볼 수 있다. 길옆으로 큰 때죽나무가 자태를 자랑하듯 서 있다. 때죽나무 꽃은 작은 종 모양인데 아래로 피어 마치 작은 종들이 무수히 달려 있는 것처럼 보인다. 이 부근은 산길이 제법 넓다. 위쪽 방향은 미륵봉으로 간다. 아래 방향을 선택해서 조금 내려가면 암문을 만난다. 암문을 통과하면 산성 밖으로 나오게 된다. 길이 잘 조성되어 있어서 불편 없이 걸을 수 있다.

산길은 서쪽으로 향한다. 짙은 숲을 헤치고 길은 계속 이어진다. 산길을 몇 굽이 돌면 생각하지 못했던 광경이 눈앞에 펼쳐진다. 시야가 탁 트이면서 낙동강이 발아래 펼쳐진다. 가람낙조길의 낙동강 전망대다. 저 멀리 북쪽에서 굽이치면서 흘러내리는 낙동강 물줄기와 양산과 강 건너 대동을 한눈에 볼 수 있다. 강물이 북쪽에서 휘어져 안기듯이 흘러온다. 물의 흐름이 마치 한반도를 닮았다.

전망대 바위 위에서 눈앞에 펼쳐진 광경을 관망한 후 하산 길을 선택해야 한다. 계속 내려가면 금곡 공장마을에 이른다. 산 아래 보이는 금곡동 아파트들이 옛날 공창마을이 있던 곳이다. 그러나 화명수목원으로 가기 위해서는 전망대에서 왔던 길로 돌아서야 한다. 돌아가는 길이 자칫 지루할 것 같지만 그렇지 않다. 발밑에 밟히는 흙이 부드러워 걷기 편안하다. 오랜 시간 낙엽이 쌓이고 다져져 만들어진 길이다. 가끔 강에서 불어오는 바람이 이마에 흐르는 땀을 식혀주고 마음까지 훔치고 지나간다.

다시 암문을 통과하여 산성 안으로 들어선 후 오른쪽으로 방향을 잡고 문리재를 내려가면 장골봉 석문을 만난다. 석문에서 조금 내려가면 큰 바위가 있다. 바위 위에서 다시 발아래 펼쳐지는 산세를 구경할 수 있다. 화명수목원이 멀리 계곡 사이에 조그맣게 보인다. 텅 빈 금곡의 공간이 보는 이의 마음마저 넓게 만든다. 이곳에서부터 산길은 경사가 심하다. 길은 성벽을 따라 이어진다. 허물어진 지점이 간혹 보이고 길은 성벽의 경계를 넘나든다.

이윽고 경사가 완만해지고 길은 성벽 위로 이어진다. 왼쪽 높은 지대에 학생인성교육원이 보인다. 아문리 사람들이 출입하던 아문과 사시골에서 흘러내리는 계곡천이 통과하는 수문을 지나면 앞쪽에 서문이 보인다. 성벽에 걸린 깃발들이 계곡 바람을 타고 펄럭인다. 서문 옆으로 예쁜 아치를 이룬 또 다른 수문이 있다. 상계봉에서 흘러 내리는 계곡천이 흐르는 수문이다. 사시골 계곡천과 상계봉 계곡천은 수목원 아래에서 만나 대천 물줄기를 이룬다.

서문은 파류봉과 장골봉 사이에서 금정산성을 지켜온 천년의 관문이다. 서문 앞에는 들꽃이 흐드러지게 피어 있다. 주변은 넓은 산골의 적막함이 가득하다. 건너 숲에서 한적한 공기를 뚫고 산새 몇 마리의 지저귐이 들려온다. 좁은 산길이 화명수목원을 향해 덤불 사이로 이어진다. 잠시 후 화명수목원 위쪽 입구가 나타난다. 수목원의 다양한 식물을 감상하면서 천천히 걸어 수목원 정문으로 나간다. 옆에는 마을버스 정류소가 있다. 등산은 이곳에서 마무리한다.

장골봉 문리재 위로 기러기 날면

장골봉 자락은 아직 새벽의 어스름 속에 잠겨 있었다. 마을은 이른 봄의 차가운 새벽 공기에 인기척조차 없이 고요했다. 마을이 자리잡은 강변 쪽의 산자락에 어둠이 더욱 짙게 내려앉았다. 갑자기 봉우리 너머에서 강렬한 은빛이 화살처럼 검푸른 하늘을 향해 뻗쳐 나왔다. 뒤이어 해가 떠오르고 환한 햇살이 강변 위로 쏟아지기 시작하자 어둠은 빠르게 사라졌다. 우영감은 부지런히 움직이던 손을 멈추고 허리를 쭉 폈다. 그는 동트기 전부터 강변에 나와 어구를 손질하고 있었다. 3월 초의 강바람은 여전히 차가운 북풍의 기운이 남아 있었다. 강변의 새벽바람에 영감의 얼굴과 손은 붉게 물들었다.

옅은 물안개가 잔잔한 강물 위로 피어오르고 여기저기에서 물고기들이 기지개를 켜듯 자맥질을 해댄다. 풍덩, 퐁당, 풍덩, 퐁당… 마치 새벽 연주회라도 열린 듯하다. 우영감은 물억새와 갈대를 옆으로 헤치며 뱃길을 만들었다. 배는 곧 강심으로 나오고 시야가 넓어졌다. 저 멀리 북쪽으로 기러기들이 강변을 따라 줄지어 날고 있었다.

우영감은 부지런히 노를 저어 어제 저녁에 쳐 놓았던 그물이 있는 곳으로 갔다. 그는 천천히 그러나 노련하고 재빠른 손놀림으로 물속에 드리웠던 그물을 건져 올렸다. 하루 일과 중에서 제일 즐거운 시간이었다. 매일 행하는 의식이지만 들떴다.

중간 크기의 잉어 두 마리와 제법 몸길이가 긴 장어 한 마리 그리고 잔붕어 십여 마리와 메기, 꺽둑어 등이 딸려 올라왔다. 우영감의 손놀림이 더욱 빨라졌다. 평생 해온 손놀림이었다. 물고기들을 망태기에 넣고 그물을 물속으로 다시 드리웠다. 어느새 물닭 들이 뱃전 주위로 몰려들었다. 그는 고물의 키를 움직여 배를 나루 쪽으로 돌렸다. '이 정도면 장정 몇 명 아침거리로는 훌륭한 밥상이 되겠군.' 우영감은 만족한 듯이 혼잣말을 했다. 그는 어제 아문마을에서 내려온 공영감 일행과 아침을 함께할 생각이었다.

동원수참에서 강변으로 난 비탈길은 아문마을의 공영감에게는 익숙한 길이었다. 그는 매년 계절이 바뀔 때마다 적어도 한 번은 산마을에서 내려와 이 길을 걸었다. 수참에서 약 100보 가량 떨어진 곳에는 주막이 있었다. 싸리

나무 울타리를 따라 심은 살구나무와 오얏나무로 4월이 되면 주막은 꽃비 속에 흠뻑 젖었다. 어제 산에서 내려온 공영감 일행은 매번 그러하듯 이 주막에서 여정을 풀었다. 감동장이 서면 수개월 치의 생필품과 지소에 필요한 물품을 구입해서 지게에 잔뜩 지고 문리재를 넘어가야 했다.

우영감이 잡아온 물고기는 주모의 솜씨를 빌어 맛있는 매운탕이 되어 아침 밥상에 올라왔다. 그 위에 겨우내 눈 속에서 자란 겨울 상추, 부추 그리고 묵은 김장김치를 곁들이니 진수성찬이 따로 없었다. 밥상을 물리자마자 공영감 아들 돌이는 공창마을로 마실을 가버렸다. 아마도 마음에 두고 있는 느티나무집 둘째 딸 동이를 만날 심산인 듯했다. 장씨와 배씨는 장에 갈 채비를 하느라 분주하게 움직였다. 오늘은 감동장날이었다. 그들은 살 물건을 미리 꼼꼼히 챙기고 있었다.

우영감과 공영감은 주막을 벗어나 나루터로 향했다. 3월의 아침 햇살은 부드러웠다. 햇살이 닿는 곳마다 겨울의 거칠고 찬 입김이 눈 녹듯 사라졌다. 북풍이 몰아치고 눈이 쌓였던 겨울 들판 위로 옅은 봄기운이 살풋 내려앉고 있었다. 발둑 위로 질경이, 냉이, 고들빼기, 민들레, 꽃마리가 기지개를 켰다. 겨우내 찬바람을 피해서 땅 위에 납작 엎드려 있던 잎들이 한층 생기가 도는 듯했다. 비록 아직 아침 공기는 차갑지만 경칩이 지나면서 강변에는 생명이 꿈틀거리고 있었다. 우영감은 발밑으로 부드러워진 흙의 감촉을 느끼면서 기분이 좋아졌다.

우영감이 공영감에게 말했다.

"여보게, 친구. 올해 단오에는 공물 할당량이 얼마나 되는가?"

옆에서 맑은 새벽 공기를 마시며 가볍게 걸어가던 공영감의 안색이 침울해졌다. 그리고는 천천히 무겁게 입을 열었다.

"수영 감영에서 백첩선 20자루, 칠첩선 10자루, 칠유별선 100자루, 백유별선 200자루를 요구하네그려. 지소에서는 일 년 열두 달 쉬지 않고 종이를 만들지만 동래 감영과 인근 마을의 요구를 다 채우지 못해. 그런데 단오선까지 바쳐야 하니 큰일이 났네. 단오가 웬수야."

문리재 넘어 아문마을 사람들은 부근의 해월사 스님들과 함께 지소에서 종이를 만드느라 등골이 빠질 지경이었다. 종이를 백지라고도 하는데 이는 닥나무를 베고, 껍질을 벗기고, 찌고, 두드리고, 삶고 하는 과정에서 손이 아흔 아홉 번 가고 백 번째에 사용하는 사람의 손에 간다고 붙은 이름이다. 공영감이 한숨을 쉬고 말을 이어갔다.

"요즈음은 말이네, 해월사 스님들이 도망을 쳐. 부역이 너무 과중해서 견디지를 못하는 거야. 앞으로 우리 마을 사람들도 살 길을 찾아 떠날 날이 올 것 같네, 허허."

공영감의 헛웃음이 채 끝나기도 전에 남창 도감과 찰방이 앞쪽에서 다가오고 있었다. 찰방은 이곳 동원 수참을 관장하고 있었다. 그들을 보자 우영감이 먼저 인사를 했다.

"두 분 나리가 함께 어인 행차십니까?"

찰방이 대답했다.

"유월에 왜왕 사절단이 동원진에 올 걸세. 이를 대비해서 미리 수참의 저장 곡물을 조사하고 있네. 그런데 두 분 영감님들은 어인 일이시오."

공영감이 말했다.

"예, 겨울도 끝났고 이제 올 봄과 여름철에 대비해서 생필품과 단오선 만드는 물품을 구입하느라 산에서 내려왔습니다."

답하는 공영감의 말투가 무거웠다.

'어찌 지소에 매인 천민들의 마음을 이 양반들이 알겠는 가?' 우영감은 옆에서 친구의 모습을 보면서 마음속으로 중얼거렸다.

나루터가 갑자기 어수선해졌다. 배가 출발하는 모양이었다. 동이를 만나고 온 돌이와 장씨, 배씨가 저마다 지게를 지고 배에 올라타고 있었다. 공영감도 서둘렀다. 우영감도 같이 배를 타기 위해서 뛰듯이 따라왔다. 두 영감이 타자 배가 곧 출발했다. 낙동강의 넓은 하구는 끝없이 펼쳐지고 하늘은 한없이 높았다. 강물은 저 멀리 남쪽 가장자리에서 허공에 떠 있는 듯 하늘과 맞닿았다. 배는 넘실대는 물결을 따라 감동포로 향했다. 뱃전에 앉아 강변을 쳐다보고 있는 공영감의 모습은 밤하늘에 혼자 떠 있는 작은 별처럼 춥고 외로워 보였다. 지소의 중노동이 60 넘긴 늙은이의 양 어깨를 누르고 있었다.

감동포가 가까워지자 배가 많아지기 시작했다. 장날에는 강이 비좁을 정도로 배의 왕래가 많았다. 포구 뒤에는 큰 배 같은 집들이 늘어서 있었다. 감동창이었다. 영남 지방 속읍에서 보내온 세곡을 저장한 후 일부는 한성창으로 올려 보내고 일부는 동래부로 보냈다. 비록 군창이지만 경상도 일대에는 조창이 없다 보니 조창의 기능을 하고 있었다. 조운은 보통 1월에 개창, 2월에 세곡 수봉, 3월 발선, 5월 한성창 도착으로 일정이 짜여 있었다. 우영감 일행이 배에서 내릴 때는 세곡 가마니들을 조운선에 싣기 위해서 수많은 일꾼들이 배다리를 건너가고 있었다. 일꾼들은 저마다 어깨에 짐을 지고 힘겹게 움직였다. 3월의 강바람은 차가웠지만 그들의 이마에는 땀이 흘러내리고 있었다. 공영감은 갑자기 자신의 처지가 생각나 한숨이 나왔다.

장을 보고 나니 벌써 해가 서산에 기울고 있었다. 일행은 장터국밥으로 출출한 배를 채우고 공창마을로 가는 배에 올랐다. 멀리 김해 쪽 낮은 산들 위로 저녁노을이 발갛게 물들고 있었다. 쇠기러기와 청둥오리 떼들이 강물을 박차고 하늘로 솟았다. 아직 북쪽으로 떠나지 않고 남아 있는 새들인 모양이다. '무슨 미련이 있어 이 고역의 땅을 떠나지 못하는가?' 공영감은 사라지는 새들의 뒷모습을 바라보면서 중얼거렸다.

갑자기 물살을 가르는 소리가 들렸다. 서너 척의 소금배가 상류로 올라가고 있었다. 마침 불어오는 마파람으로 돛에 바람을 잔뜩 안고 배들은 속도를 내고 있었다. 배는 돛을 두 개 세운 두 대박짜리 큰 범선이었다. 각 돛대에 이물 사공과 고물 사공이 있었다. 배에서 밥을 짓는 화장도 있었다. 아마도 이 배의 선원들은 중간에 땅을 밟지 않고 곧바로 충청도로 갈 모양이다. 영조 때 나라에서 명지섬에 공염제를 실시하고부터 명지는 자염 생산지로 유명해졌다. 명지 소금은 전국에서 으뜸이었다. 내륙에 가면 5~6배의 수익이 났다. 수많은 사람들이 갈대밭을 개간하여 소금밭을 만든다고 야단이었다.

물이 가까워지면서 동원나루 옆에 서 있는 큰 포구나무가 뚜렷이 보였다. 동원나루의 수호목이자 뱃사람의 등대 같은 역할을 하는 나무였다. 일행은 주막에서 또 한 번의 늦은 저녁식사를 했다. 감동장에서 국밥을 한 그릇씩 비웠지만 젊은이들은 양에 차지 않는 모양이었다. 우영감과 공영감은 공창 막걸리로 배를 반쯤 채웠다. 공창 막걸리는 유난히도 맛이 좋았다. 처음에는 공창마을의 참부들이 누룩을 빚어 마을에 쓸 술을 빚었는데 맛이 좋아 인근에 널리 알려지게 되었다. 이제는 동원고개를 넘어가는 길손들은 일부러 주막에 들러 한 사발씩 마시고 가곤 했다.

우영감이 거나하게 취해서 자랑했다.

"막걸리 맛은 물맛이 좌우하지. 공창마을 물맛이 좋아 막걸리는 일품이거든. 감동포와 양산까지 소문이 났네."

공영감은 굳이 반대하지 않았다. 사실 공영감이 사는 마을에도 산성 막걸리가 있지만 공창 막걸리 몇 병을 챙겨둔 참이었다. 그들은 깊은 밤까지 이야기꽃을 피웠다. 내일이면 공영감이 산으로 올라가야 하기 때문에 아쉬움이 짙은 밤이었다.

서당골을 지나가는 낮은 언덕은 밤나무들이 숲을 이루고 있었다. 언덕 아래 초가집 몇 채와 밤나무 사이 목련나무도 군데군데 보였다. 일부는 벌써 꽃이 피어 아침 햇살을 받아 눈이 시리도록 하얗게 빛났다. 두 노인은 서당골을 지나 산으로 올라가는 자드락길로 접어들었다.

공영감이 뒤따라오던 우영감에게 말했다.

"자네 어디까지 배웅할 참인가? 이제부터 문리재로 올라가는 길목이네, 여기서 헤어짐세."

우영감이 쓸쓸히 대답했다.

"허허, 그냥 따라가다 보니 문리재가 턱 앞에 있네그려. 이제 헤어지면 언제 또 만날 수 있을까?"

공영감이 천천히 말했다.

"나도 이제 옛날 같지 않구먼, 어깨에 짐을 잔뜩 지고서도 이 재를 뛰다시피 올랐는데, 오늘은 내 짐을 아들과 장씨, 배씨에게 많이 맡겨버렸어. 젊은 애들이 고생하는구먼."

공영감이 잠시 쉬었다가 계속 말을 이었다.

"아마도 내 건강이 허락하면 올 초겨울에는… 겨울나기 준비도 해야 하고…."

우영감은 알고 있었다. 지소의 중노동은 늙은이에게는 벅찬 일이었다. 나이보다 더 늙어 보이는 친구가 측은했다.

'목구멍이 포도청이라고 했던가. 대대로 내려오는 가업인데 쉽게 마을을 떠날 수는 없겠지….'

우영감은 내색을 하지 않고 공영감의 손을 지그시 잡고 말했다.

"친구, 몸 조심하게. 너무 힘쓰지 말게나."

공영감은 쓴 웃음을 지으며 대답했다.

"고맙네, 다음에 올 때는 단오 부채 한 자루 가져옴세. 나라님에게 바치는 것보다 친구에게 주고 싶네."

돈으로 갚아야 할 빚과 마음으로 갚아야 하는 빚이 있다. 공영감은 우영감에게 마음의 빚이 있는 듯했다. 평생의 빚인 듯했다.

공영감이 손을 빼면서 다시 말했다.

"우영감, 문리재에 기러기 날면 내려옴세. 잘 지내게."

벌써 저만치 앞서가는 일행을 놓칠 세라 공영감의 발길
이 빨라졌다. 우영감은 자리에 선 채 사라지는 친구의 뒷
모습을 바라보고 있었다. 문리재로 올라가는 산길에는
여기저기 두견화 몇 송이가 벌거벗은 가지 위에 빨갛게
피어 있었다. 아마도 문리재를 넘어가는 길손의 그리움
이 쌓여 잎이 나기도 전에 꽃부터 먼저 피어나는 듯했다.
공영감이 사라진 숲속 어디선가 들꿩 울음소리가 들려
왔다.

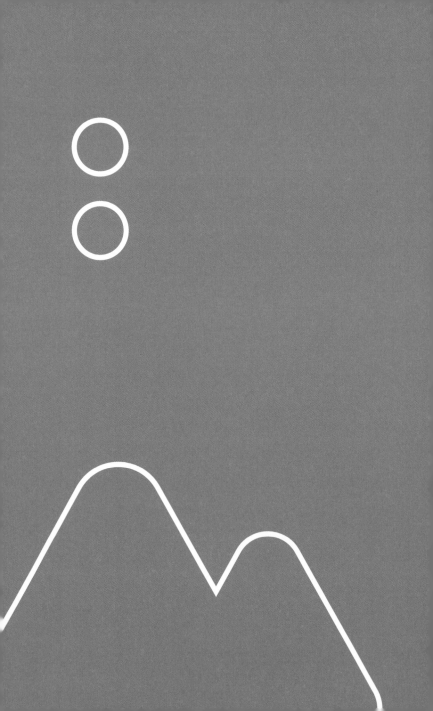

2. 화산과 대천에는 달빛에 물든 전설이 있다

- 화명

옛 사람들이 말하기를 대천계곡(금곡)을 중심으로 큰 봉우리가 두 개 있으니 북쪽에는 금정산 고당봉이고, 남쪽에는 상학산 상계봉이라고 했다. 이처럼 상학산은 금정산과 함께 이 지역을 상징하는 곳이다. 상학산에는 깎아지른 듯한 높은 암벽과 멋진 기암이 하구의 강바람을 맞으며 억겁의 시간을 꿋꿋이 버티고 있다. 골짜기 또한 깊고 넉넉하여 갖가지 나무들이 짙은 숲을 이룬다. 멀리서 보면 상학산은 학이 날개를 펼치고 낙동강을 향해 날아오르는 모습이다. 멋진 봉우리도 많다. 남쪽에서부터 상계봉, 상학봉, 파류봉이다. 그리고 상학봉에서 서쪽 낙동강 방향으로 뻗어 나온 또 하나의 봉우리가 있다. 화산 또는 화잠봉이라 일컫는 봉우리로 가파르고 수려한 암벽이 둘러싸고 있다. 화산은 금정산의 많은 봉우리 중에서도 명산으로 꼽힌다. 화산 아래 화명동이 자리 잡고 있다.

화산 봉우리 아래에는 신선덤이 있다. 덤은 바위를 뜻하는 경상도 사투리로 더미를 이룬 바윗덩어리를 칭한다. 마치 신선이 누워 있는 듯한 모습이라 붙은 모습이다. 물태전골에서 솟아난 물이 암벽을 타고 흘러내려 해질녘에는 햇빛에 반짝이고 겨울에는 빙벽을 이룬다. 근래에 와

서는 암봉이 새의 부리 모양을 닮았다 하여 화잠이라고
도 한다. 전설에 의하면 신선들이 신선덤에서 상학산 상
계봉으로 올라 학을 타고 낙동강변으로 나들이 했다고
한다. 화산이란 지명도 중국의 5대 명산 중의 하나인 화
산에서 유래한다. 화산은 중국 신선문화의 중심지이고
도교의 발상지이다. 기암괴석으로도 유명한 산이다. 아마
신선덤의 경관이 중국의 화산만큼 아름답다는 것을 비유
하는 듯하다. 화산 중턱에는 대밭골이 있었다. 대밭골 가
운데 빈 터에는 호투장이 있었다고 한다. 지금의 북부산
변전소 위쪽이다. 금정산을 지키던 호랑이와 외부에서
침입한 난달호랑이가 싸운 곳이라고 한다.

금곡동과 화명동 사이에 큰 골짜기가 있다. 금곡이다. 금
곡은 고당봉에서 낙동강변 쪽으로 뻗어 내린 첫 골짜기,
즉 가장 큰 골짜기라는 뜻이다. 골짜기를 따라 대천이라
는 계곡천이 흘러내린다. 대천은 금정산 정상에서 발원
하여 계곡을 따라 서쪽으로 흘러 낙동강에 유입된다. 물
이 깨끗하고 수량이 풍부하여 조선시대에는 '금정지수'라
고 했다. 옛날 대천천은 지금의 화명교 위쪽까지를 의미
했다. 아래쪽은 소래강이라는 샛강이었다. 소래강은 북구
보건소 앞에서 남쪽으로 방향을 크게 바꾼 후 넓은 논과

밭을 가로질러 흘러갔다. 그 들판을 백포원이라고 불렀다. 현재 화명 신시가지 아파트가 들어선 지역이다.

옛날부터 대천 주변과 화산 자락은 경치가 좋고 살기 좋은 곳으로 알려져 일찍이 자연마을이 형성되었다. 대표적인 곳이 와석마을(화잠마을)과 대천마을이다. 두 마을은 선비마을이기도 하다. 1600년대 초 약 20년의 간격을 두고 두 선비가 이곳으로 귀양을 왔다. 와석마을과 대천마을은 이들과 그 후손에게 많은 영향을 받아 선비 정신과 학문을 귀하게 여기는 풍속을 간직하게 되었다.

두 마을의 남쪽이자 화산에서 벋어 내린 함박봉 아래 또 하나의 자연마을이 있었다. 수정마을이다. 마을 어귀에 큰 정자나무가 있고 마을을 향해 낙동강 물이 안기듯 흘렀다고 한다. 또한 낙동강변에는 역사가 오래된 용당마을이 있었다. 서기 450년 무렵 신라 눌지왕 시기에 금관가야로 진격하기 위해 만든 가야진(가야나루)이 이 부근에 있었는데 아마도 나루와 함께 생긴 마을로 추정된다. 오랜 세월이 흘러 정확한 위치는 찾을 길이 없지만 『양산군지』 등 문헌에 하용당 또는 적석용당 이야기가 전한다.

자연마을의 긴 역사에 비해 화명이란 지명은 근래에 등장했다. 기록에 나타난 것은 1908년 이 지역 선각자들이 민족학교를 설립했을 때였다. 당시 교명이 사립화명학교였다. 화명이란 지명은 '해붉이'에서 온 것이라고 추측한다. '해가 환하게 밝아오는 곳'이란 뜻이다. 동이 트기 전 화명생태공원에서 동쪽을 바라보면 화산의 암봉이 새벽 햇살을 받아 환하게 밝아오는 모습을 볼 수 있다.

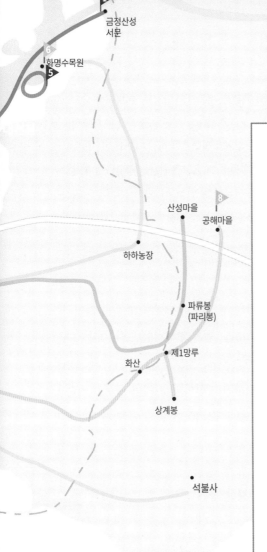

N
4
S

금정산성
서문

화명수목원

산성마을
공해마을

하하농장

파류봉
(파리봉)

제1망루

화산

상계봉

석불사

1	━━	대천천 거닐길
2	━━	양버즘나무 가로수길
3	━━	회화나무 가로수길
4	━━	기찻길 숲속 산책로
5	━━	대천천 누리길
6	━━	상학산 둘레길
7	━━	파류봉 등산로
8	━━	상계봉과 화산 등산로

대천마을
용동골마을
화잠(와석)마을
수정마을
용당마을
대장골마을

- - - 동 경계
▦▦▦ 지하철
▦▦▦ 기차

① 대천천 거님길

대천천처럼 맑은 하천은 도심에서 찾아보기 힘들다. 화명 신도시를 곁에 두고 흐르는 계곡천은 아직도 옛 모습을 유지하고 있어 바쁜 도시 생활로 쫓기듯 사는 이들의 마음 한구석을 어루만져준다. 계곡 주위가 아파트가 아닌 야생의 들판이었을 옛날, 대천의 낮은 황금빛 햇살 아래 꽃들의 색깔이 눈부시고 밤은 반딧불이가 별처럼 허공을 날아다녔을 것이다. 거님길 주변에는 대천 물길을 따라 달빛에 물든 그때 그 시절의 설화들이 전해 내려온다.

북구의 인구는 28만 명 정도다. 부산에서 네 번째로 인구 수가 많다. 인구 밀집도도 높은 전형적인 도시 지역이다. 도시화로 자연환경이 파괴되면 도심 속 하천 역시 오염되어 제 기능을 상실하기 마련이다. 그러나 예외가 있다. 대천천이다. 대천천은 맑고 깨끗한 옛 모습을 거의 보존하고 있는 자연하천이다.

대천의 발원지는 금정산 계곡 곳곳에 흩어져 있다. 고당샘, 세심정, 수박샘, 미륵암 암반수, 베틀굴 암반수, 불송곡천 등이다. 그 외에도 이름 없는 샘물들이 많다. 이들 발원지의 물은 크게 서너 개로 합쳐진 후 계곡을 따라 흐르면서 대천을 이룬다. 그중 한줄기는 미륵암 암반수에서 시작되는 사시골 물줄기다. 이 물길은 학생인성교육원 앞 수문을 거쳐 내려간다. 다른 한줄기는 상계봉 물줄기다. 이 물길은 금정산성 서문 옆 수문을 통과하여 흘러간다. 두 물길은 화명수목원 바로 아래에서 모여 하류로 흐르다가 애기소를 지나 화산에서 내려오는 계곡천인 불송곡천과 합류한다. 그 후 북구보건소 옆에서 용동골을 흘러 내려오는 용동천과 합류한다.

대천천은 계곡천이지만 물의 흐름이 비교적 완만하고 그다지 높은 폭포는 없다. 길이는 산성 공해마을 부근에서 낙동강과 합류하는 하구까지 약 5.5km에 이른다. 천의 상류에는 금정산성 서문과 화명수목원이 있다. 중류에는 전설이 깃든 애기소라는 폭포와 웅덩이가 있고 더 아래로 내려가면 불송곡천과 만나는 지점에 지농담이라는 큰 웅덩이가 있다.

옛날에는 대천을 '금정지수'라고 불렀다. 금정산 계곡에서 흘러내리는 맑은 물이라는 의미다. 그만큼 깨끗한 물 때문에 다른 도심 하천과 달리 수중식물과 물고기, 철새가 모여든다. 자연과 도시를 잇고 그 속에 스민 문화와 생태를 체험할 수 있는 공간이다. 대천천을 거닐기 쉽도록 2013년 북구청이 산책길을 조성했다. 대천천 거님길이다. 대천천 상류에 있는 산성마을에서 하류의 화명생태공원까지 약 4.3km 구간의 산책로다.

거님길은 대천천의 생태적인 특성을 최대한 살린 길이다. 대천천을 따라 걸으면서 기분 전환도 하고 여유가 있는 날에는 졸졸 흐르는 하천에 발을 적셔도 좋다. 깨끗한 수질을 자랑하는 만큼 물고기가 서식하고 있어 도심 속 생태체험학습장이 되기도 한다. 가까이 금정산, 금정산성, 파류봉, 장골봉, 화명수목원, 화명생태공원 등이 있어 북구의 푸른 자연을 고스란히 느낄 수 있는 멋진 에코 로드다.

특히 북구보건소 부근 화명교에서 낙동강변까지 구간은 산책하기 좋다. 천 양편으로 남천, 동백나무, 벚나무, 갈대, 물억새, 야생화가 어우러져 있다. 또한 양쪽 제방에는 큰 벚나무 밑으로 벤치를 넉넉하게 설치해 쉬기도 편하다. 화명교 하류 북쪽 제방에 글로벌도시 관광진흥기구 건물이 있는데 그 옆으로 조성된 수라바야길도 추천한다. 수라바야는 인도네시아 제2의 항구도시로 1994년 부산시와 자매 결연을 맺었다. 이 길에서는 다양한 수종을 만날 수 있고 나무들이 터널을 이루고 있어 걷기에 쾌적하다. 대천천이 낙동강과 만나는 지점에 이르면 잘 가꾸어진 꽃밭을 볼 수 있다. 비록 넓지는 않지만 구청에서 노력한 덕분에 철따라 다양한 꽃들을 볼 수 있다. 특히 튤립이 피는 봄에는 사진 명소가 되어 많은 인파가 몰려들곤 한다.

대천천은 아파트 단지로 둘러싸인 환경에서 사는 우리에게 자연이 얼마나 중요한지 말없이 가르쳐준다. 바쁜 일상에서 벗어나 자연과 더불어 잠시 쉬고 싶다면 홀가분하게 대천천으로 가보자. 이 길을 천천히 걸어보자. 도심 속에서 자연을 느끼고 싶어하는 이들을 결코 실망시키지 않을 것이다.

② 양버즘나무 가로수길

대천천은 물이 맑고 수량이 풍부해 일찍부터 사람들이 주위에
삶의 터를 잡았다. 대천천을 가운데 두고 양달마을과 음달마
을이 있었다. 양버즘나무 가로수길은 양달마을을 따라 대천천
을 거슬러 오르는 길이다. 양버즘나무 넓은 잎사귀가 바람을
맞으며 춤을 춘다. 이 길은 사시사철 넓은 골짜기의 청량한 바
람이 머물다 가는 공간이다.

금곡대로는 북구보건소 앞에서 대천천을 만난다. 이곳에
대천천을 가로지르는 화명교가 있다. 다리에서 금곡 쪽
으로 약 20m쯤 가다 보면 벽산블루밍아파트를 볼 수 있
다. 아파트 옆으로 2차선 차도가 산을 따라 약간의 경사
를 이루면서 올라간다. 바로 양달로 입구다. 도로 번호판
은 '양달로 1→106'으로 표기되어 있다. 도로 길이가 약
1060m라는 뜻이다. 시작 지점은 화명동 벽산블루밍아파
트 남쪽, 종착 지점은 금명여자고등학교 부근이다. 양달
로에 들어서면 양버즘나무를 볼 수 있다. 키 큰 나무들이
넓은 잎사귀를 자랑이라도 하듯 푸른 하늘을 배경으로
길 양쪽으로 쭉 늘어서 있다. 양달로의 남쪽은 대천천, 북
쪽은 장골봉에서 벋어 내려온 산과 접해 있다. 산 이름은
금병산이다. 왕복 2차선 도로는 대천천을 끼고 굽이굽이

산길처럼 이어진다.

양달로는 양달마을이란 지명에서 비롯되었다. 대천천은 장골봉의 남쪽 면과 상학산 파류봉의 북쪽 면 사이로 흐른다. 대천천 북쪽에 위치한 양달로는 햇빛을 많이 받는다. 반면 대천천 남쪽은 산에 해가 가려 햇빛 받는 시간이 짧다. 이러한 이유로 대천마을 북쪽을 양달마을, 남쪽을 음달마을이라고 불렀다. 부근에 자연마을이 하나 더 있었다. 음달마을에서 산성로를 건너면 용동천이 흐르는데 이 천을 중심으로 형성된 용동골마을이다. 주민들은 양달마을과 음달마을을 합쳐 대천마을이라고 불렀는데 시대에 따라 용동골 마을까지 포함하기도 했다.

양달로 주변에는 역사, 문화와 관련된 이야기가 많다. 대천천과 장우석 선생, 금곡과 율리의 지명 유래, 천승호 효자 이야기, 율리 패총과 바위그늘집 유적, 천국부와 장터걸 이야기 그리고 대천마을의 생태 보존 활동 등. 양달로는 자연과 지역의 역사, 문화가 어우러진 길이다. 특히 양달로가 끝나는 금명여자고등학교 부근에서 금정산을 향해 계속 올라갈 수 있는 산책로가 대천천을 따라 주변 숲과 조화를 이루며 잘 조성되어 있다. 산성마을로 이어지는 길로 나무데크로 보완해 놓았기 때문에 걷기 편하다.

양달로는 장골봉 자락을 따라 비스듬히 금정산을 향해 뻗어 있다. 올라갈 때 양버즘나무 가로수길을 걸었다면 내려올 때는 대천천 거님길을 이용해도 좋다. 양달로는 대천천을 옆에 두고 나란히 이어지기 때문에 대천천으로 쉽게 접근할 수 있다. 군데군데 진입로가 있고 대천천을 건널 수 있는 다리도 만날 수 있다. 대천천 물은 맑다. 물고기가 심심찮게 보이고 왜가리, 청둥오리 등 철새도 볼 수 있다. 주민들과 북구청이 주위를 잘 관리하고 화단을 가꾸어 많은 사람들이 이용하고 행사도 개최하는 친환경적인 공간이다. 한 가지 아쉬운 것은 예전처럼 수량이 많지 않다는 점이다. 주변에 아파트가 들어서고 특히 도로와 시설물이 건설되면서 대천 물줄기가 눈에 띄게 줄었다.

길을 살짝 벗어나 양달로의 북쪽 산을 따라 가면 율리 바위그늘집 유적과 패총을 만날 수 있다. 율리 바위그늘집 유적이 있는 골짜기를 서당골이라 했다. 대천 양달마을에 임천재라는 서당이 있었는데 옛날 인근 사람들이 이 골짜기 고개를 넘어 양달마을 서당에 다녔다고 한다. 서당골은 주변에 밤나무가 많아 밤나무골이라고도 했다. 율리라는 이름도 여기서 생겨난 것으로 보인다. 고개를 넘어가는 길은 양버즘나무 가로수길의 샛길이다. 이 길도 지금은 밤나무 대신 양버즘나무들이 가로수를 이룬다.

대천천은 장우석 선생을 빼고 이야기할 수 없다. 일제강점기 화명동 신시가지 일대는 논밭이었다. 대천천 남쪽에 위치한 화명동 롯데낙천대아파트 일대는 백포원, 북쪽의 금곡동 아파트 일대는 모리원이라고 불렀다. 옛날 대천천은 지금 모습과 달라 물길이 북구보건소 앞에서 남쪽으로 흐름을 틀어 백포원 일대를 구불구불 흘러가는 샛강이었다. 샛강 이름은 소래강이었다. 샛강은 지금 롯데마트 앞에 있는 간선도로를 따라 화명 기차역을 거쳐 낙동강과 합류했다.

백포원은 매년 강물이 범람해 농사짓는 일이 어려웠다. 백포라는 이름도 소래강이 범람하여 멀리서 보면 지는 햇빛을 받아 하얗게 빛났기 때문에 생겨났다고 한다. 수해에서 벗어나기 위해 장우석 선생과 주민들이 합심해 대천천 물길을 돌리는 공사를 벌였다. 대천천이 화명교 부근에서 낙동강으로 곧바로 흘러들어가게 하는 직강 공사였다. 1915년에 시작하여 1920년 초에 완공되었다. 주민들은 그 은혜를 기리고자 선생이 돌아가시고 6년 뒤인 1930년 공덕비를 세웠다.

공덕비는 화명동 사거리 롯데마트 건너편 와석공원 안에 세워져 있다. 비석 뒷면에 선생이 직강 공사를 했던 사실이 쓰여 있다. 내용을 읽어보면 선생의 지역 사랑이 느껴져 숙연해진다. 그 외에도 선생은 윤상은 선생과 함께 구포은행과 구명학교를 공동으로 설립하는 등 북구의 근대사에 많은 발자취를 남겼다. 장우석 선생은 일제강점기라는 암울한 시대를 살았던 화명동의 거상으로 스스로 일군 부(富)를 이용해 나라 사랑, 향토 사랑을 실천에 옮긴 분이었다.

> 구포의 개방적이고 역동적인 분위기는 외부의 선진 문물을 빨리 받아들이게 했다. 1905년 을사늑약이 체결되자 구포를 중심으로 북구에서는 조선의 독립을 위한 사회적 움직임 또한 강하게 일어났다. 그 중심에 지역이 배출한 거상과 지주가 있었다.

윤상은(1887~1984)은 구포의 지주, 장우석 (1871~1924)은 화명동의 거상이었다. 이들은 조선 독립 정신을 고취하기 위해 1907년 구포 사립구명학교를 세웠고 1912년 국내 최초의 민간 은행인 구포은행을 설립하는 데 주도적인 역할을 했다. 그리고 독립자금 조달을 위해 직간접으로 큰 역할을 했다.

허섭(1862~1930)은 화명동 수정마을의 큰 부자였다. 1914년 구포시장에 화재가 났을 때 장터 재건을 위해 구포은행이 낸 성금 150원보다 많은 160원을 냈다. 독립자금을 댄 큰손으로도 알려져 있다.

이외에도 북구에는 많은 분들이 노블레스 오블리주를 실천했다. 그들의 공통점은 부를 이루었고 꿈을 꾸었다는 것이다. 그 꿈은 조선의 독립이었다. 이제 그들의 이야기는 전설이 되었다.

③ 회화나무 가로수길

화명동 학사로의 가로수는 회화나무다. 회화나무는 선비를 상징하는 나무로 학자수라고도 부른다. 옛날 이 길 부근에 학사대가 있었다. 고을 선비들이 모임을 갖는 곳이었다. 학사로는 장소의 역사와 가로수의 의미가 잘 어울리는 걷기 좋은 길이다. 8월이면 학사로는 황백색의 회화나무 꽃이 만발해 발길을 멈추게 한다.

화명동 가로수는 느티나무가 주종이다. 그러나 학사로는 회화나무로 조성되어 있다. 회화나무는 선비를 상징하는 나무로서 일명 학자수라고도 한다. 영어로는 scholar tree이다. 느티나무, 팽나무, 은행나무, 왕버들과 함께 우리나라 5대 거목 중의 하나로 수령이 500~1,000년 된 노거수도 있다. 옛날에는 서원이나 서당, 궁궐 등에 많이 심었다.

학사로는 수정지하철역에서 시작해 율리지하철역이 있는 화명리버빌2차아파트까지다. 도로명은 학사대에서 유래했다. 신시가지가 조성되기 전에 이곳은 낮은 봉우리로 학성산 또는 학수봉이라 불렀다. 상학산이 학의 몸통이면 이곳이 머리라는 뜻이다. 봉우리 정상에 학사대가 있었다. 학사대는 고장 선비들이 모여 시를 읊고 학문을 논한 곳이었다. 학성산과 학사대는 1997년 화명 신시가지 조성을 위한 평탄 작업으로 사라지고 표지석만 2001년 현충근린공원 내로 옮겼다. 대림쌍용강변타운과 용수중학교 사이에 있는 공원이다. 표면에 음각으로 희미하게 學士臺(학사대) 一心秋月 四面春風 禮曹佐郎 金載鎭(일심추월 사면춘풍 예조좌랑 김재진)이라는 글귀가 새겨져 있다. 금정산에 떠오르는 밝은 가을 달과 낙동강변의 봄바람 부는 경치를 표현한 글로 선비의 꼿꼿한 기상과 너그러운 마음을 뜻한다.

화명동에 선비마을의 전통이 시작된 것은 두 선비가 와석마을과 대천마을에 유배를 오면서부터였다. 그들이 이곳에 거처를 잡은 후 후손들은 마을에서 문중을 이루면서 지금까지 살고 있다. 화명동으로 유배 온 첫 번째 선비는 임회(1562~1624)였다. 그는 50세에 문과에 급제하여 성균관 전적을 제수 받았으며 송강 정철의 사위이기도 했다. 당시 권력을 장악한 이이첨과 정인홍 등 대북파의 미움을 받아 조선 중기인 1613년 광해군 때 이 지역으로 유배되었다. 그는 와석마을에 10여 년을 살면서 두 아들을 두었다. 1623년 인조반정이 일어나 대북파가 몰락한 후 복권

되어 한양으로 돌아갔다. 그 뒤 군기사첨정을 거쳐 광주 목사가 되어 남한산성 수축에 힘을 썼고 1624년 이괄의 난 때 의군을 거느리고 경안역에서 싸우다 전사했다. 와석 마을에는 임씨 문중의 재실인 관해재가 있다.

그 뒤 1637년에는 윤소(1596~1656)라는 선비가 유배를 왔다. 그는 파평 윤씨 화명대천 문중의 중시조다. 인조 때 병자호란으로 나라가 치욕을 당했을 때 신하들은 척화파 와 주화파로 갈라져 서로 반목했는데 윤소는 척화파에 속했다. 그는 소과에 급제하여 진사 자격으로 성균관에 서 공부하고 있었다. 청나라가 자기 나라의 연호를 쓰게 하고 황제의 덕을 기리는 비석을 세우도록 인조를 압박 하자 조정에서는 할 수 없이 공덕비를 세우기로 결정했 다. 왕명에 의해 영의정 이경석이 비문을 쓰게 되었는데 이를 보고 윤소는 통분하여 영의정을 주먹으로 내려쳤 다. 이 일이 발각되어 귀양을 오게 된 것이다. 윤소는 대 천리 양달마을에 임천정이란 정자를 짓고 정착했다. 그 가 대천마을에 자리 잡게 된 직접적인 동기는 그의 처가 임회의 딸로 인근 와석마을에 처가인 평택 임씨 문중이 집성촌을 이루고 있어서였다. 그는 슬하에 아들 둘을 두 었다. 귀양 오고 얼마 뒤 사면을 받았으나 벼슬길에 나서지 않고 산과 강을 벗 삼아 평생을 대천마을에서 지냈고 죽어서는 마을 앞산에 묻혔다. 후손들이 번창하여 지역 사회에서 큰 역할을 하고 있으며 용동마을에 금호재라는 큰 재실이 있다.

이 두 마을은 부근의 다른 마을과는 달리 생업에만 종사하지 않았다. 유학을 배우고 학문을 중하게 여기는 풍속을 이어 갔다. 이러한 흔적들은 학사대, 조대 같은 유적과 비록 지금은 사라지고 없지만 기록으로 남아 있는 임천재와 양사재 같은 서당, 그리고 1908년 설립된 민족학교인 화명사립학교 같은 교육기관 등에서 찾을 수 있다. 특히 선비마을의 정신과 문화를 이어받은 후손들이 큰 역할을 한 시기는 일제강점기였다. 1919년 나라의 독립을 위해 전국에서 만세운동이 시작됐을 때 구포장터에서도 만세운동이 크게 일어났는데 이를 주도한 인물이 바로 선비마을에서 태어나서 자란 청년들이었다. 와석마을의 양봉근, 임봉래 그리고 대천마을의 윤경이 그들이다. 어려울 때 그 사람의 정신이 나타난다고 했다. 나라가 어려울 때 이들의 선비 정신은 구포장터 만세 운동을 이끄는 원동력이 되었다.

학사로를 걷다 보면 학교가 눈에 많이 띈다. 도로 주위에 초중고교가 모여 있다. 기후체험관, 어촌민속관, 화명도서관, 장미공원, 화명 기차역 다양한 공공시설도 많다. 대천 천도 길 중간 지점에서 만날 수 있다. 왕복 4차선 도로 건너편으로는 기찻길 숲속 산책로(2-④ 참조)와 철로가 나란히 이어진다. 그 너머 화명생태공원이 펼쳐진다. 군데군데 낙동강변으로 통하는 연결보도와 차도가 눈에 들어온다. 연결보도마다 이름도 붙였는데 Fantasy, Romance, Mistery라는 영어 이름이다. 지역 정체성에 맞는 이름도 있을 텐데 왜 영어로 지었는지 서운한 감이 있다.

이 길은 차가 많지 않고 통행인의 발걸음도 드물어 한적하게 느껴진다. 강변과 이어지는 연결보도가 있는 부분이나 공공건물 부근은 사람들의 왕래가 잦지만 그 외에는 번잡함 없이 편하게 걸을 수 있어 좋다. 무더위가 절정에 이른 8월 초에 걷는다면 회화나무를 뒤덮을 정도로 활짝 핀 황백색 꽃이 푸른 하늘 아래 햇살을 받아 반짝이는 모습을 볼 수 있다. 학사대와 학사로 그리고 그 길을 지키는 회화나무. 길과 가로수의 의미가 잘 어울리는 걷기 좋은 길이다.

④ 기찻길 숲속 산책로

사람은 길을 만들고 숲은 길을 보듬는다. 나무들 사이로 바람이 스며들고 햇살이 비친다. 산책하다 군데군데 쉬어갈 수 있도록 벤치들이 설치되어 있다. 나무 종류가 다양해서 구경하는 것만으로도 지루하지 않다. 자세히 보면 나무도 개성이 있다. 자신만의 아름다움을 간직하고 있다. 그 아름다움을 계절에 따라 시간대에 따라 자기 방식대로 보여준다.

화명동 신시가지에 들어서면 온통 아파트단지다. 경부선 철길도 지나간다. 자칫 삭막하기 쉬운 이곳에 기찻길을 따라 긴 수림대가 조성되어 있다. 인공물로 둘러싸인 공간에 자연의 숨결을 불어넣는 공간이다. 수림대는 덕천동과 화명동 경계 부근에서 시작해 화명동을 거쳐 금곡동 하나로마트까지 이어진다. 이곳을 따라 나 있는 오솔길이 기찻길 숲속 산책로이다. 조성된 시기는 2007년이며 길이는 약 3.5km다. 기찻길 숲속 산책로는 경부선 철로를 따라 이어지기 때문에 한편에 방음벽이 쭉 설치되어 있다. 시야가 다소 막혀 있지만 맞은편으로는 학사로의 넓은 도로가 있기 때문에 높은 방음벽이 주는 갑갑함은 크게 느껴지지 않는다.

수정지하철역 ‡ 방송통신대학교 뒤편 ‡ 화명역 ‡ 대천천 ‡ 산업인력관리공단 ‡ 금곡 농협하나로마트

길의 시작 지점은 성훈강변아파트 뒤편이지만 편의상 수
정지하철역에서 가는 길을 소개한다. 지하철 3번 출구로
나와 한국방송통신대학교 정문 방향으로 걷는다. 교차로
를 건너 파리바게뜨를 지나면 화명생태공원 연결 보도가
보이고 그 옆으로 벤치와 운동기구가 설치된 숲이 있다.
이곳이 기찻길 숲속 산책로이다.

산책로 남쪽 숲속에는 조대 표지석이 있다. 조
대는 북구의 3대 누대 중 하나로 표지석에는
'釣臺主人 林景澤(조대주인 임경택)'라고 쓰여
있다. 『경상도지』 누대승람 편에 '임경택이 조
대를 만들었다'는 기록이 있다고 한다. 『양산
군지』에 임경택 선생은 와석마을 평택 임씨
관해공파인 임회의 6대손으로 세평이 높았다

고 되어 있다. 과거 수려한 강변이었던 이곳에서 선생은 낚시를 하며 자적했다. 그러나 1903년 경부선 철도 공사로 장소가 훼손되었고 90여 년 뒤 화명 신시가지 조성 사업 때 조대 암벽도 철거하게 되었다. 이에 글자가 새겨진 부분만 떼어 현재 위치로 옮겼다.

산책로로 접어들어 왼쪽(남쪽) 방향을 따라가면 이 산책로의 시작 지점이 나온다. 숲길 일부는 맨발로 걸을 수 있게 황토가 깔려 있다. 맨발길은 작년에 조성하기 시작했는데 앞으로 화명 기차역까지 구간을 확대할 계획이라고 한다. 부근에 세족대가 보인다. 한쪽에는 애기동백, 반대쪽에는 메타세쿼이아가 있다. 세족대에서 방음벽을 바라보고 오른쪽(북쪽) 방향은 화명동을 거쳐 금곡동 쪽으로 숲길이 펼쳐진다. 이 구역은 숲의 폭이 다른 곳보다 넓다. 운동 기구, 벤치, 숲도서관도 설치되어 있다. 숲도서관은 숲에 머물며 책을 읽을 수 있도록 북구청에서 운영하고 있다. 오래된 책들이 책꽂이를 가득 채우고 있다. 다양한 편의시설 덕분에 이 부근에서는 항상 운동이나 산책을 하고 삼삼오오 벤치에 앉아 담소하는 이들을 볼 수 있다.

사람은 길을 만들고 숲은 길을 보듬는다. 나무들 사이로 바람이 스며들고 햇살이 비친다. 키 큰 나무들 아래에는 야생화와 풀들이 햇살을 쬐기 위해 앞 다투어 자리를 차지하고 있다. 나무 종류가 다양해서 구경하는 것만으로도 지루할 틈이 없다. 은목서, 메타세쿼이아, 산수유, 히말라야 시다로 알려진 개잎갈나무, 동백나무, 애기동백, 중국단풍나무 군락지, 벽오동, 후박나무, 박태기나무, 꽃사과, 무궁화, 느티나무, 회화나무 등. 하나하나가 숲을 만드는 귀중한 존재이다. 천천히 그리고 자세히 보면 나무마다 고유한 아름다움을 간직하고 있다. 계절에 따라 하루의 시간대에 따라 각자의 방식으로 보여주는 아름다움이다. 간간히 참새 떼를 만나거나, 예쁜 텃새라도 만나면 기분이 한결 경쾌해진다.

숲길 중간중간 철로를 건너 화명생태공원으로 진입할 수 있는 통로도 만들어놓았다. 연결 통로를 이용하면 쉽게 낙동강변으로 오갈 수 있어 부근에 항상 인파가 붐빈다. 대동화명대교가 지나가는 지점에 이르면 화명 기차역을 볼 수 있다. 넓은 기차역 안은 허전할 정도로 적막하다. 이따금 기차 소리가 들린다. 만남의 방에 기차를 기다리는 사람들이 몇 명 보인다. 간혹 역사 로비나 산책로에서 지역 작가들이 작품 전시회를 하기도 한다.

계속 걸어가다 보면 대천천을 만난다. 금정산 고당봉에서 발원하여 금곡을 따라 흘러 낙동강으로 들어가는 천이다. 북구에 남아 있는 낙동강 지류 중 가장 크다. 천을 건너는 징검다리가 놓여 있다. 물이 맑아서 운이 좋으면 제법 큰 물고기들이 떼를 지어 다니는 것을 볼 수 있다. 산책길은 대천천에 설치되어 있는 동네 체육시설을 지나 좁은 나무데크로 진입하면서 이어진다. 지금부터는 금곡동이다. 비상벨이 여러 군데 설치되어 있다. 부산뇌병변복지관 부근의 보행 가교와 주공율리마을아파트 부근의 보행 가교를 지나면 메타세쿼이아가 숲을 이룬다. 운동시설과 금곡동 숲도서관도 있다. 조금 더 걸어가면 향나무가 군락을 이루고 농협하나로클럽 건물이 나온다. 계속 가면 막다른 길이다. 금곡골프프라자 건물이 철도와 접해 있기 때문이다. 여기서 산책길은 끝난다. 향나무 군락지를 뒤로하고 농협하나로클럽과 한국산업인력공단 부산지역본부 사이로 나 있는 소나무 오솔길을 따라가면 금곡대로로 빠져나오게 된다.

북구는 도시이지만 금정산을 비롯한 높은 산과 낙동강,

강변의 늪지가 있고 철새가 날아드는 자연 친화적인 환경을 자랑한다. 곳곳에 산책로가 있어 주민들이 쉽게 이용할 수 있다. 그러나 이 산책로처럼 사시사철, 이른 새벽부터 밤늦게까지 주민들이 늘 쉽게 접근하고 이용할 수 있는 곳은 없다. 어느 곳과 견주어도 손색 없는 생활 밀착형 산책로다. 이 길은 주민들의 삶과 지역문화의 질을 높이기 위해 보존해야 할 자산으로 북구의 아름다운 자연, 도시 환경과 어우러진 자랑스러운 길이다.

⑤ 대천천 누리길

누리길 전망대가 금곡의 골짜기를 배경으로 우뚝 서 있다. 골짜기를 타고 내려오는 산바람이 몸과 마음을 편안하게 한다. 계곡은 고당봉 산세를 품고 장골봉 긴 능선을 따라 서쪽으로 거침없이 벋어 내려간다. 저 멀리 능선이 사라지는 곳에 화명동 아파트와 낙동강이 줌인(zoom in)하듯 시야에 들어온다.

대천천을 따라 산성마을을 향해 올라가다 보면 화명수목원 인근에 대규모 사토장을 볼 수 있었다. 한국철도시설공단이 2009년 고속철도 금정산 구간 터널 공사에서 나온 토사를 모아놓은 곳이었다. 그 뒤 나무 등을 심어 숲을 조성했지만 10년 가까이 방치되어 왔다. 아름다운 계곡 속 옥의 티처럼 남아 있던 이곳이 대천천 누리길 조성 사업을 통해 환골탈태하듯 모습을 바꾸었다. 사토장이 있던 5만 5,000㎢ 부지에 녹지 휴식 공간을 조성한 것이다. 이에 따라 청단풍, 느티나무, 산철쭉, 수선화 등 다양한 나무와 꽃을 심고 수목을 정리해 숲을 가꾸었다. 대천천을 조망할 수 있는 전망대, 사토장 내부를 순환하는 산책길, 생태학습장과 쉼터, 대천천을 따라 걷는 산책로 등 녹지 공간도 다시 조성했다. 사업은 2021년 2월 착공해 2022년 12월 완공했다.

주위에는 2011년 개장한 부산 최초의 공립수목원인 화명수목원이 있다. 많은 주민이 이용하는 곳이다. 누리길은 수목원과 인접해 있지만 연결로가 없어 접근성이 떨어졌다. 이 문제를 해결하기 위해 화명수목원과 대천천 누리길을 연결하는 순환생태탐방로가 뒤늦게 조성되었다. 이로써 누리길은 실질적인 휴식 공간이 확대되고 인근 명소와 연계해 찾기 좋은 곳이 되었다.

누리길로 가기 위해서는 대천천을 따라 이어지는 산성로를 올라가야 한다. 대천천 거닐길을 걷다 보면 상류 계곡에서 만나게 되는 길이다. 누리길은 화명수목원 바로 아래에 있다. 산성행 마을버스나 자가용을 이용해 화명수목원에 내린 뒤 걸어가는 방법도 있다. 누리길은 숲에서 휴식하거나 즐길 수 있는 시설물을 잘 갖추어놓았다. 면적이 작지만 볼거리가 적은 것은 아니다. 산책길은 울창한 숲으로 둘러싸였고 깊은 계곡이 옆으로 벋어간다. 차도와 가까운 쪽으로는 유아 숲체험장을 만들어 놓았고 계곡과 가까운 쪽으로는 전망대를 세워 주변 경관을 볼 수 있게 배려했다. 특히 아래쪽 전망대는 2층 팔각정인데 높은 정자에 앉아 일행과 담소를 나눈다면 마치 옛 이야기에 나오는 무릉도원에 있는 듯할 것이다. 정자 주변은 다양한 색의 꽃들이 만발하여 신록의 나무와 어울리니 이야기도 다양해지고 지루하질 않다.

누리길을 산책하는 방법에는 세 가지가 있다. 첫째는 누리길만 산책하는 것인데 거리가 짧다. 두 번째는 거닐길과 누리길을 함께 걷는 것이다. 그러나 대천천의 하류에서 상류까지 걸어 올라야 하기 때문에 사람에 따라 지나치게 먼 거리일 수 있다. 세 번째 방법은 누리길과 금정산성 서문, 화명수목원을 묶어서 걷는 것이다. 아마 거리도 적당하고 멋진 코스가 될 것이다. 산책 경로를 정하는 것은 순전히 각자의 걷기 역량과 생각에 달려 있다. 자신에게 알맞은 경로를 고르면 되겠다.

⑥ 상학산 둘레길

상학산 둘레길은 화명동, 덕천동, 만덕동에 걸쳐 있다. 이 둘레길은 북구가 2007년부터 정비한 북구 순환 웰빙산책로 1단계 구간이기도 하다. 길은 화명수목원에서 시작해 상학산 서쪽 산허리를 따라 길게 벋어 있다. 끝나는 지점은 석불사 아래 동네 체육 시설이 있는 곳이다. 거리는 약 7km 가량 된다. 코스가 길지만 부담 가질 필요는 없다. 중간중간 하산 코스를 알려주는 안내판이 있기 때문에 쉽게 둘레길에서 벗어나 하산할 수 있다.

둘레길을 걷기 위해서는 산성마을행 마을버스를 타고 화명수목원에서 하차해야 한다. 수목원 입구 건너편에 둘레길 안내도가 큼직하게 설치되어 있다. 안내판 옆으로 보이는 좁은 산길이 바로 둘레길 입구다. 풀숲을 헤치며 길을 따라가다 보면 곧 숲속을 걷게 된다. 길은 짙은 숲속에서 경사가 심한 골짜기를 따라 가파르게 올라간다. 경사면이 상당히 길게 이어지고 계단이 연이어 간격을 두고 설치되어 있다. 이럴 때는 한 번에 한 걸음씩 천천히 걷는 것이 좋다. 중간에 몇 차례 걸음을 멈추고 숨을 고르다 보면 어느새 경사가 완만해지고 산성마을에서 와석마을로 오가는 옛길을 만나게 된다.

이곳에서 길은 두 갈래로 나뉜다. 위쪽 길로 올라가면 산성마을로 갈 수 있다. 둘레길을 계속 걷고자 하면 아래로 향하는 길을 선택하면 된다. 길을 따라가면 농장이 보이고 시야가 넓어진다. 시원한 능선 바람이 땀을 식혀준다. 이곳부터 계속 내리막이다. 길은 평탄하고 경사가 완만하다. 짙은 숲속에서 새 소리, 바람 소리를 들으며 걷기 때문에 햇빛을 피하면서 편하게 걸을 수 있다.

아래쪽 길로 가면 곧 하하농장이라는 예쁜 간판이 눈에 띈다. 이곳에서 작은 내를 만난다. 불송곡천이다. 곧이어 파류봉으로 가는 안내판을 만난다. 파류봉 정상이 아닌 반대 방향으로 길을 잡아야 한다. 산기슭으로 이어지는 길을 따라가다 보면 작은 능선을 넘어간다. 산길은 완만한 내리막길이다. 숲이 짙고 길 위에 돌이 많기 때문에 천천히 내려가야 한다. 화명산기도원 옆을 지나면 동네 체육 시설이 나온다.

곧 다시 갈림길이 나오고, 남문으로 가는 이정표가 보인다. 직진하는 길은 화명정수장으로 내려간다. 덕천전망대로 가기 위해서는 왼쪽 방향으로 길을 잡아야 한다. 길은 약간 오르막이다. 능선을 따라 얕은 내리막길이 나올 때까지 올라간다. 이곳은 대밭골이라고 불렸던 지역이다. 옛날에 대나무가 무성하여 붙여진 이름이다. 그러나 지금은 대나무는 보이지 않고 임도 같은 편안한 길이 나 있다. 군데군데 큰 철탑이 보인다. 산길 아래 북부산변전소가 있기 때문이다. 계속 길을 따라 걷다 보면 나무 다리가 운치 있는 용동천이 나타난다. 여기서부터 둘레길은 넓은 임도를 따라 조성되어 있다. 파쇄된 자갈이 깔려 있으니 미끄러지지 않도록 조심해야 한다.

곧이어 왼쪽 숲속에는 와석사당이 있고 부근에 북구청이 조성한 꽃길이 있다. 꽃길을 따라가면 산길이 한 굽이 남쪽으로 돌면서 전망대가 나온다. 앞으로는 낙동강 물길이 보이고 대저 수문과 그 너머 서낙동강이 보인다. 임도는 낙엽송 교목 사이로 넉넉한 공간을 확보하고 있다. 유달리 산 공기가 상쾌하다. 아마도 탁 트인 공간과 강바람 때문일 것이다. 발 아래 자갈 대신 흙이 느껴진다. 얼마 가지 않아 산길은 또 다시 크게 한 굽이를 돌아간다. 길이 방향을 트는 지점에 멋진 전망대가 있다. 덕천전망대다.

전망대에 서면 구포동, 덕천동, 화명동을 한눈에 볼 수 있다. 물론 낙동강 물길과 건너편으로 주지봉이 우뚝 서 있는 것도 볼 수 있다. 날씨가 좋으면 강서 벌판과 먼 산까지 보인다. 이곳에서 휴식을 취하면서 산행의 즐거움을 만끽할 수 있을 것이다. 시간이 되면 인근에 있는 함박봉 정상의 헬기장에 다녀오기를 권한다. 왕복으로 15분 가량 걸린다.

전망대 바로 옆으로 급경사길이 있다. 롯데카이저아파트 쪽으로 내려가는 길이다. 만약 산행이 힘들다면 이 길을 따라 하산을 하면 된다. 중간에 간이 휴식터가 있다. 휴식터를 지나 조금만 더 내려가면 경사가 조금씩 완만해지면서 걷기 편해진다. 덕천동과 화명동을 가르는 능선에 체육 시설이 있고 여기서 화명근린공원 방향으로 길을 잡으면 된다.

둘레길을 계속 걷기 위해서는 덕천전망대에서 임도를 따라가야 한다. 넓고 평평한 길이다. 길은 방향을 틀어 동쪽으로 향하고 있다. 낙동강 하구의 시원한 경치는 사라지고 숲길로 들어간다. 오른편 건너 주지봉의 북쪽 사면이 길게 펼쳐져 있다. 둘레길과 건너편 주지봉 사이에는 만덕동과 덕천동의 건물이 빼곡하게 들어서 있다. 계속 걷다 보면 조금씩 숲이 짙어지면서 건물은 사라지고 온통 나무로 가득하다. 산길이 잘 조성되어 있어 앞만 보고 걸어가면 된다. 그러나 지루할 틈이 없다. 솔내음이 가득한 길이다. 뿐만 아니라 갈참나무, 굴참나무, 가시나무, 매화나무, 벗나무, 느티나무 같은 교목들이 길을 운치 있게 만든다. 진달래, 생강나무 같은 떨기나무도 볼 수 있다. 나뭇잎들이 저마다 자랑이라도 하듯 바람이 불면 하나둘 살랑살랑 손짓을 한다. 이 둘레길은 상학산의 속살을 보여준다. 긴 산길은 넉넉한 공간 속에서 산바람을 안고 거침없이 벋어간다. 길을 품은 숲은 고요한 청량감으로 주위를 감싼다. 오랜 세월 동안 수많은 발길이 지나면서 형성된 길이다.

어느덧 내리막이 나타난다. 흙은 황토색을 띠고 있다. 발아래 밟히는 흙이 편안하다. 맨발로 걸어도 될 정도다. 30~40분 걷다 보면 쉼터가 나온다. 쉼터 바로 옆에 상학약수터와 체육 시설이 있다. 운동하는 사람들과 목을 축이려는 사람들로 붐빈다. 물맛이 깨끗하고 시원하다. 약수터를 뒤로하고 느슨한 오르막을 걸어가면 만덕동(석불사), 미리내유치원, 만덕중, 화명동을 가리키는 이정표를 만난다. 이정표를 지나 계속 가면 상학초등학교로 내려가는 안내판과 넓은 숲속 쉼터가 보인다. 이곳에서 하산하면 학교 앞 버스정류소에 닿는다. 그러나 둘레길은 조금 더 나아간다. 숲속 쉼터에서 얼마쯤 걸어가면 숲을 벗어나면서 동네 체육 시설과 석불사로 가는 길이 나온다. 이곳에서 상학산 둘레길은 끝난다.

이 길은 사시사철 걷기 좋다. 특히 가을에는 형형색색 단풍을 즐길 수 있다. 낙엽이 둘레길과 산허리에 소복이 쌓였다가 바람이 불면 마치 춤추듯 뒹구는 모습은 한 폭의 그림이다. 상학약수터에서 목을 축인 다음 정자에 앉아 있으면 신선이 따로 없다. 여유가 되면 석불사로 올라가서 병풍암에 새겨진 마애석불을 구경하는 것도 좋다. 29개의 마애석불이 높은 암벽에 조각되어 있다. 전국에서 마애석불이 가장 많은 절이라고 한다(5-④ 만덕고개 둘레길 참조).

⑦ 파류봉 등산로

금정산 산세가 낙동강을 향해 벋어가면서 봉우리 두 개를 툭 던져 놓았다. 장골봉과 파류봉이다. 두 봉우리는 사이에 금곡이라는 넓은 골짜기를 두고 마주보고 있다. 장골봉은 금곡의 북쪽 봉우리, 파류봉은 남쪽 봉우리다. 파류봉 정상은 큰 암봉으로 되어 있다. 코끼리 형상이다. 마치 우람한 코끼리 한 마리가 드넓은 낙동강의 물길을 내려다보면서 도도하게 서 있는 듯하다. 파류봉은 현재 파리봉으로 더 알려져 있다.

파류봉을 오르는 등산로는 화명정수장 또는 산성마을에서 출발할 수 있다. 화명정수장에서 파류봉에 이르는 길은 부산시가 지정한 금정산 제21등산로의 일부다. 등산을 하기 위해서는 화명동 롯데마트 맞은편에서 출발해 화명정수장을 지나 북부산변전소 쪽으로 올라가야 한다. 롯데마트에서 정수장 앞까지는 아파트가 즐비하다. 아스팔트길이고 차량 통행이 많아 약간의 불편함을 감수해야 한다. 대중교통을 이용하는 방법도 있다. 와석교차로 부근에서 7번 마을버스, 111-1번이나 300번 일반 버스를 이용해 쉽게 변전소 입구까지 도착할 수 있다.

변전소 옆으로 긴 시멘트 축대가 도로를 따라 시원하게 북쪽으로 벋어간다. 터널 진입로를 만들 때 사방공사를 한 축대다. 축대가 끝나는 부근에 등산로 들머리가 나온다. 등산로 안내도가 큼직하게 서 있고 앞으로는 계곡물이 흐르는 배수로가 보인다. 길 입구는 시멘트 포장길이다. 파류봉 정상까지는 약 4.2km다. 조금 올라가면 포장길은 산길로 바뀌고 큰 소나무가 그늘을 만든다. 화명배드민턴장 안내판이 보이고 동네 체육시설과 정자가 보인다. 길옆에 남문으로 가는 이정표가 있다. 그쪽으로 가면 대밭골이 나온다. 이정표를 뒤로 하고 올라가면 작은 개울이 있고 산에서 흘러나오는 지하수를 받아내는 관이 있다. 맑은 물이 관에서 졸졸 흘러나오고 파란색의 플라스틱 바가지가 걸려 있다. 작고 조금은 초라한 샘터이다.

조금 더 올라가면 농장이 나오고 길가에 가판대를 설치해 놓았다. 아침에 등산객이 많아지면 주인이 직접 수확한 야채와 나물을 파는 곳이다. 길은 완만한 오르막이고 흙이 부드러워서 걷기에 편하다. 비록 주변에 큰 바위들이 군데군데 보이지만 걷는 데 방해 되지 않는다. 어린 개옻나무와 산벚나무, 산딸기, 국수나무, 개모시풀이 뒤엉켜 키 큰 나무 아래 다투어 자라고 있다. 키 큰 교목은 소나무가 주종이고 간혹 참나무가 보이는데 모두 높이만 자랑하는 듯하다. 키 큰 나무는 대개 둥치가 굵고 가지도 튼튼한 우람한 형태가 되는데 이곳 나무는 하나같이 빼빼하다. 주변을 둘러보니 조금 과장해 흙 반, 바위와 돌 반이다. 생물에게 환경이 중요함을 새삼 느낀다. 대신 키 큰 나무 사이 공간이 넉넉해 작은 나무들이 많이 자라고 있다.

화명산기도원 표지판이 나오는 부분에서 두 길로 나뉜다. 정상으로 올라가는 등산로는 왼쪽이다. 좁은 길이 풀 덤불 사이로 보인다. 주변은 온통 소나무와 떨기나무이고 발밑은 크고 작은 돌이 깔려 있다. 이곳은 비가 오면 산에서 물이 흘러내리고, 평소에도 가물지 않으면 물기가 배여 있어 미끄러운 지역이다. 조심해야 한다.

두 번째 동네 체육 시설이 나타나고 왼쪽으로 짧은 시간이지만 길보다 낮은 지형이 나타나면서 나무들이 눈높이와 평행을 이룬다. 일부러 고개를 들지 않아도 나무의 우듬지를 볼 수 있다. 표피가 붉은 소나무가 군락을 이루고 있다. 흔히 볼 수 없는 경치다. 길 오른쪽에 아담한 습지가 있고 억새가 군락을 이룬다. 여기서부터 소나무 사이로 참나무가 두드러지게 많이 보인다. 신갈, 굴참, 졸참나무가 번갈아 길 주변을 메우고 있다. 숲이 짙어 시야가 좁지만 오른쪽은 지형이 높고 왼쪽은 계곡임을 알 수 있다. 아래에서 사람들 목소리가 들린다. 아마 계곡물에서 휴식을 즐기는 듯하다. 이 계곡은 불송곡천으로 하류의 지농담에서 산성의 계곡천과 합류한다. 지농담은 주택가가 시작되는 지점에 있는 대천의 큰 물웅덩이로 마을 사람들이 옛날부터 피서를 즐긴 곳이다. 물 흐르는 소리, 산새가 지저귀는 소리, 숲과 바람의 하모니가 산길을 풍요롭게 해준다. 길 위에 작은 나무다리가 보이고 갑자기 숲이 사라지면서 농장이 나타난다.

산행 중에 정상의 암봉을 볼 수 있는 기회가 세 번 있다. 이곳이 첫 번째 지점이다. 고개를 들고 산 위를 바라보면 암봉이 멀리 고고하게 서 있어 방향을 잡는 데 도움이 된다. 길 바로 옆에 제법 큰 쥐똥나무가 있다. 꽃이 만개하면 향기가 짙어 현기증이 날 정도다. 때죽나무 몇 그루도 보인다. 농장이 끝나는 지점에는 213번 위치 안내목이 나오고 위쪽으로 쉼터가 있다. 나무들 사이로 벤치와 탁자, 나무평상이 보인다. 이곳은 정상과 화명수목원의 갈림길이다.

정상으로 가는 길로 접어들면 지형이 완전히 바뀐다. 급경사가 계속 이어진다. 지금까지는 평탄한 지형으로 간혹 큰 바위를 만나거나 돌길과 흙길이 교차했으나 쉼터 윗부분은 가파른 산길이다. 마사토가 있어 미끄러운 부분이 있는가 하면 낙엽이 쌓여 푹신한 부분도 있다. 어떤 모습이든 조심해야 한다. 급경사에다 돌이 많기 때문에 만만히 볼 수 없다. 스틱이 필요한 길이다. 주변은 키 큰 나무보다는 소교목이나 관목이 대부분이다. 땅에는 군데 군데 고사리가 군락을 이루고 있다.

214번 위치 안내목 부근은 푸서리처럼 덤불과 키 작은 나무들이 길의 흔적을 군데군데 지워버린다. 스틱으로 허리까지 자란 수풀을 헤치며 올라야 한다. 가파른 숲길이 끝나고 숨고르기라도 하듯 내리막길이 나온다. 부근에 작은 공터가 있고 몇 개의 바위가 있다. 눈을 들어 올려다보면 숲속에 숨은 듯 나무 사이로 정상의 암봉이 다가온다. 등산 중에 암봉을 볼 수 있는 두 번째 지점이다.

내리막길을 조금 내려가면 곧이어 급격한 오르막이다. 길은 계단으로 되어 있다. 계단이 끝나면 216번 위치 안내목이 나오고 정상까지 0.3km라는 표시가 있다. 그러나

3km 걷는 것처럼 힘이 소요되는 기분이다. 길옆에 진달래, 싸리나무, 사람주나무, 철쭉, 오리나무, 물푸레나무가 비탈을 따라 얼굴을 내민다. 특히 여기서는 신갈나무가 대장인 듯 군락을 이루고 있다. 이렇게 넓은 신갈나무 군락은 금정산 고당봉 정상 부근 외에는 본 기억이 거의 없다. 파류봉 등산로 하면 가파른 산길과 큰 암봉이 생각나지만 호기심을 가지고 주변을 둘러보면 다양한 식물을 볼 수 있다는 특징도 있다.

비탈길은 방향을 틀면서 나무 계단과 연결된다. 가파른 암벽 위에 통째로 매달려 있는 듯한 계단이다. 총 187개다. 계단이 시작되기 전 크고 넓은 바위가 산 앞쪽으로 몸을 내밀고 있는데 멋진 전망대 역할을 한다. 산 아래에 펼쳐지는 전경을 처음 볼 수 있고, 고개를 들면 절벽을 이룬 거대한 암봉이 코앞에 서 있다. 등산 중에 만나는 세 번째 정상 모습이다. 파류봉은 이 비경을 쉽게 보여주기 싫어서 난코스를 만들었나 보다.

계단은 시간의 흐름이 느껴질 정도로 낡아 사뭇 긴장하며 걷게 된다. 계단은 파류봉 정상의 전망대로 연결되어 있다. 파류봉 정상(615m)에 서면 발아래 장엄한 경치가 펼쳐진다. 땀 흘린 만큼 보답 받는다는 상식적인 말이 실감나는 순간이다. 산봉우리에 둘러싸인 산성마을이 평화로워 보인다. 서쪽으로는 시원하게 흘러내리는 푸른 낙동강과 김해평야 그리고 화명과 금곡동의 높은 아파트가 강변을 따라 펼쳐진다. 눈길을 들어 북쪽을 바라보자. 건너편으로 금정산 정상인 고당봉이 우뚝 솟아 있다. 고당봉에서 동쪽으로 원효봉, 의상봉 등의 산세가 이어지고 서쪽으로는 미륵봉과 장골봉의 산세가 눈앞에 펼쳐진다. 멀리 회동저수지와 그 너머 철마 부근의 산, 해운대 방향에는 장산이 파도처럼 넘실거린다.

하산할 때는 북쪽에서 내려가는 나무데크를 이용하자. 이 길도 가파르지만 외길이고 암벽이 끝나는 부분까지 계단이 설치되어 있어 쉽게 내려갈 수 있다. 단 조심하면서 천천히 하산하는 것이 가장 중요하다. 나무데크가 끝나고 계속 내려가면 두 갈래 길이 나온다. 왼쪽 길은 가나안수양관으로 향하고 직진하는 길은 산성마을로 향한다. 산성마을 버스 정류소에서 등산을 마무리한다.

⑧ 상계봉과 화산 등산로

상학산은 금정산의 산세가 번어가면서 만든 명산이다. 사람들은 보통 금정산 하면 천년고찰 범어사와 고당봉 그리고 금샘을 떠올린다. 등산 코스도 주로 북문을 중심으로 펼쳐지는 장군봉, 원효봉, 의상봉 등을 이야기한다. 그러나 굽이치는 낙동강 하구와 넓은 김해평야를 한눈에 내려다 볼 수 있는 산이 바로 상학산이다. 상학산은 준봉을 몇 개나 가지고 있고 등산로도 잘 조성되어 있어 크게 힘들이지 않고도 산행의 즐거움을 만끽할 수 있다. 이 코스는 상계봉과 화산을 한번에 올라가는 등산로다. 상학산 정상에서 동선이 조금 겹치지만 경치가 좋아 지루하지 않다. 상계봉은 상학산의 남쪽에 우뚝 솟아 있는 준봉이고 화산은 상학산의 중간 봉우리인 상학봉에서 서쪽으로 번어 내려가는 봉우리다.

상계봉을 오르는 진입로는 여러 곳인데 산성 공해마을에서 출발하는 등산로가 가장 쉬운 길이다. 구포나 화명동에서 산성행 마을버스를 타고 공해마을 물레방아집 앞에서 하차한다. 물레방아집 옆으로 난 마을길을 따라 오르다 보면 아름다운 금정구 나무 두 그루가 나온다. 오른편으로 계곡을 끼고 임도까지 오르면 수박샘이 나온다. 수

2-⑧

공해마을 물레방아집 ➡ 수박샘 ➡ 제1망루 ➡ 상계봉 ➡ 제1망루 ➡ 화산 ➡ 화산릿지 ➡ 용동골 ➡ 화명정수장

화명성당＝약 3시간

박샘에서 파류봉 방향으로 걷다 보면 상학초등학교에서 올라오는 길과 만나는 사거리가 나온다. 오르막길이지만 경사가 완만하고 평탄하다. 걷는 방향에서 오른쪽으로 두 갈래 길이 나오는데 목적지는 같다. 숲이 짙은 아래쪽 계곡과는 달리 이 부근은 키 작은 딸기나무와 야생화가 등산객을 반긴다. 갈림길에서 얼마가지 않아 산봉우리들을 연결하는 능선에 도달한다.

능선에 도착하면 눈앞에 금정산성 제1망루가 다가온다. 옆에는 국토지리정보원에서 관리하는 삼각점을 볼 수 있다. 망루는 2002년 태풍 루사에 의해 무너지고 석축만 남아 있다. 이곳에서 남쪽으로 향하는 길을 따라 약 10~15분 가면 상계봉 정상석(640m)이 나온다. 정상석은 바위와 나무로 둘러싸여 있다. 정상에서 볼 수 있는 멋진 전망을 만끽하기 위해서는 정상석 부근의 바위 전망대로 자리를 옮겨야 한다.

정상에서 북쪽을 바라보면 한 덩어리의 바위군이 하늘을 향해 솟아 있다. 불꽃바위다. 그 모양이 멀리서 보면 닭벼슬처럼 생겨 상계봉(上鷄峰)이란 지명이 생겼다고 한다. 능선 너머 금정산의 주봉 고당봉이 우뚝하다. 시계 방향으로 대운산, 철마산, 달음산과 개좌산을 차례로 조망할 수 있다. 남쪽으로 시선을 돌리면 만덕동과 만덕고개, 그 너머 부산 동쪽 도심지가 한눈에 들어온다. 서쪽으로 눈길을 돌리면 낙동강 하구와 광활한 김해평야가 발아래 펼쳐지는 것은 두말할 나위가 없다. 상계봉 정상에서 내려다보는 하구는 하늘과 땅과 물이 하나다.

화산으로 가기 위해서는 상계봉이 주는 멋진 전망을 뒤로 하고 북쪽으로 왔던 길을 돌아가야 한다. 화산은 비록 높지 않지만 산세가 거칠고 골짜기가 깊다. 경치도 좋아 옛날부터 금정산 봉우리 가운데 명산으로 대접받고 있다. 암릉이 발달해 산중턱에서 정상 부근까지 많은 바위군으로 이루어져 있는데 특히 정상 부근은 거대한 충적암으로 경사가 급하고 험해 산행하기가 쉽지 않다. 화산 바로 아래 화명동이 자리 잡고 있다. 화명이란 지명이 화산 아래 명당이란 뜻에서 유래한다는 설도 있다.

제1망루가 보이는 지점까지 되돌아왔다면 화산으로 내려가는 오솔길로 접어들어야 한다. 오솔길 입구가 특징이 없고 평범하다. 제1망루 옆에 등산안내도가 있고 그 맞은편 강변 쪽을 자세히 보면 내려가는 오솔길이 보인다. 여름에는 우거진 풀과 나무들 때문에 찾기 쉽지 않으니 잘 살펴야 한다. 입구에서 내려가다 보면 산 안쪽 능선에서 오르막이 시작되다가 내려간다. 곧이어 같은 방식으로 길이 다시 올라갔다 내려간다. 두 개의 봉우리가 연속으로 강을 향해 벋어 있다. 이 두 개의 연속된 봉우리가 화산 정상(544m)이다. 중간에 갈림길을 만나지만 봉우리를 따라 계속 직진하면서 내려가면 된다.

두 번째 봉우리에서 조금 내려가면 와석바위에 다다른다. 와석은 누워 있는 바위라는 뜻이다. 마을 이름과 도로명에 사용되고 전래 이야기에도 등장하는 유명한 바위다. 이곳에 서면 그동안 나무와 바위에 가려 보지 못했던 산 아래 경치를 마음껏 구경할 수 있다. 긴 낙동강 물줄기, 김해평야의 넓은 들, 화명동과 구포동 시가지, 강 건너 대동과 대저마을 등. 힘들게 바위를 찾은 자만이 누릴 수 있는 눈 호강이다. 바위가 평평하고 넓어 여럿이 앉아 휴식을 취할 수도 있다. 아름다운 경치를 감상하면서 많은 이야기를 나눌 수 있을 것이다.

와석바위를 뒤로 하고 계속 하산하면 두 갈래 길을 만나게 된다. 왼편으로 내려가면 용동골 임도에 도착하나 경사가 심하고 사람이 다닌 흔적을 찾기 힘들다. 갈림길에서 오른편으로 내려가는 것이 좋다. 이 길을 따라 하산하다 보면 화산에서 유명한 또 하나의 바위를 만나게 된다. 장사바위다. 넓적한 바위 위에 움푹 팬 자국이 선명한데 장사가 앉았던 흔적이라고 한다. 사실은 화강암 표면이 풍화작용으로 움푹 팬 자국이다. 지질학적으로는 '나마'라고 한다.

어느 쪽으로 산행하든 화산의 등산로는 험하다. 튀어나온 암석과 급한 경사는 잠시도 방심을 불허한다. 앞을 보고 걷기보다는 땅을 보고 걷는 시간이 많다. 화산의 비경은 쉽게 볼 수 없지만 한 번 보면 또한 쉽게 잊혀지지도 않는다. 와석바위와 장사바위에서 바라보는 상학산의 기암괴석과 정상에서 강으로 벋어내려가는 힘찬 기세는 오랫동안 여운을 남길 것이다. 장사바위를 뒤로 하고 계속 내려가다 보면 암릉으로 이루어진 험한 바위 경사길(화산 릿지) 능선이 나온다. 암벽 사이 물기가 있어 바위가 미끄럽다. 암벽에 설치된 밧줄과 사다리를 적절히 이용해서 조심스럽게 하산해야 한다. 곧이어 크고 작은 바위로 이루어진 너덜지대를 통과하면 두 갈래 갈림길을 만나는데 왼쪽은 용동골 임도로 가고 오른쪽은 대밭골을 경유하여 변전소 방향으로 간다. 양 방향 모두 도착 지점은 같다. 화명정수장을 거쳐 화명성당에서 산행을 마무리한다.

° 대천의 이심이소 이야기

금정산 고당봉 아래 사시골 깊은 골짜기에는 맑은 계곡
물이 흘러내린다. 이 물은 상계봉 기슭의 수박샘에서 흘
러내리는 물과 산성마을 아래쪽에서 합류하여 큰 계곡천
이 된다. 마을 사람들은 이 계곡천을 대천이라 부른다. 대
천은 군데군데 넓적바위와 크고 작은 모난 바윗돌 사이
를 흘러가다가 산허리 부근에서 작은 폭포를 이룬다. 폭
포 아래에는 계곡물이 모여 만든 큰 소가 있었다. 소는 넓
고 깊어 가장자리는 바닥이 훤히 들여다보였으나 폭포
부근은 그 깊이를 알 수 없었다.

이 소에 이심이라는 물고기가 살고 있었다. 이심이는 몸
이 아주 작고 얼핏 피라미처럼 보였다. 태어난 곳은 북지
산의 내리골이었는데 얼마 전 큰 비로 물이 불어났을 때
떠내려와 이곳에 정착하게 되었다. 이심이는 소의 바닥
에서 헤엄치는 것이 좋았다. 그러나 너무 작고 약해서 주
변 물고기의 놀림감이 되었고 큰 물고기가 나타나면 항
상 도망을 다니거나 숨기 바빴다. 그날도 이심이는 큰 물
고기를 피해 바위 밑에 숨어서 주위를 둘러보다 문득 생

각했다.

'나는 언제까지 이렇게 피해 다녀야 한단 말인가? 앞으로
도 평생을 도망치면서 눈치를 보아야만 하는가?'

바위 밑에서 나와 자기 모습을 이리저리 둘러보니 너무
나 작고 힘이 없었다. 이심이는 화가 치밀었다. 그때 주위
에 있던 약간 몸집이 큰 물고기 한 마리가 이심이를 놀리
기 시작했다. 이심이는 생각했다.

'이래 죽으나 저래 죽으나 마찬가지다. 계속 이렇게 놀림
을 당하기는 싫어. 한번 대들어 보아야겠다.'

이심이는 용기를 내어 죽기 아니면 살기로 상대에게 달
려들었다. 장난으로 이심이를 괴롭히려던 상대는 이심이
가 사생결단으로 달려들자 깜짝 놀라 달아나버렸다. 이
심이는 스스로 놀랐다. 자신에게 이렇게 큰 힘이 있는 줄
몰랐기 때문이다. 그러자 축 늘어져 있던 지느러미가 힘
차게 움직이기 시작했다. 며칠 후 다른 물고기가 여느 때
처럼 이심이를 괴롭혔다. 이번에도 이심이는 용기를 내
어 상대방에게 달려들었다. 그 물고기도 깜짝 놀라 도망
쳤다. 이심이는 더욱 자신감이 생겼다. 상대가 물러날 때
마다 이심이의 몸은 힘이 생기고 빨라졌다.

어느덧 이심이의 짧고 가는 몸이 점점 길어지더니 비늘 색깔도 소의 바닥처럼 검고 짙은 갈색으로 바뀌어 갔다. 하루는 주변을 지나던 꺽지가 말했다.

"너는 몸이 마치 뱀처럼 길어서 우리하고는 달라. 얼굴도 우리와 생김새가 다르고 더우나 수염이 너무 길어서 징그러워."

옆에 있던 붕어가 말했다.

"맞아, 얘는 헤엄치는 것도 달라. 마치 바닥을 미끄러지듯 헤엄을 쳐. 이상해."

그러나 이심이는 주변 말에 개의치 않았다. 때로는 도망가고 숨고 때로는 대항해 싸우면서 살기 위해 노력했다. 이제 쏘가리나 강준치 같은 덩치 큰 물고기도 두렵지 않게 되었다. 이심이의 몸 색깔은 더욱 짙어졌고 비늘은 빛을 내기 시작했다. 입 주위에 난 수염 두 개는 더욱 길고 굵어졌다. 이심이의 눈빛도 광채가 나는 듯했다. 이제 이심이는 약한 물고기의 편이 되어 큰 물고기를 물리쳤다. 주변의 작은 물고기들도 이심이가 도와주니 큰 물고기가 도망을 친다는 것을 알게 되었다. 예전에 이심이를 놀리던 물고기들은 더 이상 이심이를 이상한 물고기로 보지 않았다. 무엇보다도 그들은 '힘을 합하면 바위도 뽑을 수 있다'는 것을 깨달았다. 그 후 작은 물고기들은 큰 물고기가 주위에 오면 도망치는 대신 떼를 지어 큰 물고기 주변을 둘러쌌다. 그러면 큰 물고기들이 도망치곤 했다. 이심이는 작은 물고기들이 큰 물고기를 상대로 자신을 지키는 행동에 기뻤다.

이심이가 사는 소의 가장 깊은 곳은 물살이 가파르고 소용돌이쳤다. 힘 있고 덩치 큰 물고기들도 그 주변에서는 헤엄치기가 어려웠다. 그 깊은 물 밑에는 빛나는 작은 돌이 하나 있었다. 깊고 어두운 물 밑이지만 돌이 있는 주변은 언제나 환하게 밝았다. 소에 사는 물고기들은 돌 가까이 가지 않았다. 모두 그 돌을 두려워하고 있었다. 이심이는 그 돌을 볼 때마다 신기했다. 그리고 호기심이 생겼다.

'이 돌은 왜 이렇게 환하게 빛을 내는 걸까?'

이심이는 돌을 멀리서 바라보다가 갑자기 늙은 자라가 한 말을 떠올렸다. 주변 물고기들로부터 따돌림과 놀림을 받았을 때 자라가 해 준 말이었다.

"저 멀리 남쪽으로 가면 크고 넓은 바다라는 곳이 있는데 엄청 많은 물고기들이 살고 있는 곳이야. 그곳에는 진주라는 아름다운 구슬을 키우는 조개가 있다. 그런데 아무 조개나 진주를 키울 수 없어. 자신의 몸 어딘가에 상처를

입은 조개만이 진주를 키울 수 있지."

이심이는 문득 빛나는 돌이 혹시 진주가 아닐까 하는 생각이 들었다. 한참을 쳐다보던 이심이는 용기를 내어 돌을 입으로 물었다. 그러자 이심이도 빛을 내면서 물 위로 솟구치기 시작했다. 그 광경을 본 모든 물고기들이 놀라 멀리 피해버렸다. 스스로 빛을 내는 돌을 입에 문 이심이는 몸을 꿈틀거리면서 물 밖으로 솟아올랐다. 그리고는 용이 되어 하늘로 날아올랐다.

사람들은 이 큰 소를 이심이소라고 불렀다. 세월이 흘러서 이심이소는 발음이 변해서 애기소로 바뀌었다. 그리고 이심이 이야기 대신 젊은 부부와 선녀가 데리고 가버린 그들의 갓난아기에 대한 슬픈 이야기로 회자되었다. 경치가 무척 아름다워 화명 8경에 꼽히는 애기소는 많은 이들이 찾는 명소가 되었다.

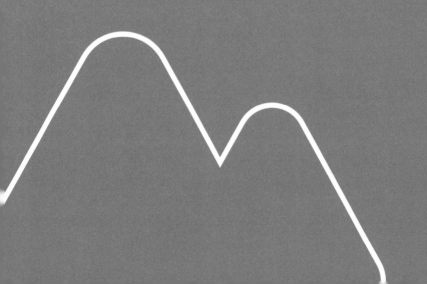

3. 낙동강 큰 포구는 옛 영광의 기억을 품고 있다 - 구포

금정산 산세가 만든 준봉들이 낙동강변 동쪽을 따라 남쪽으로 이어진다. 원효봉, 의상봉, 대륙봉, 상학봉 등. 금정산 고당봉에서 남쪽으로 약 10여 km 떨어진 곳에는 백양산이 낙동강 하구를 옆에 두고 우뚝 솟아 있다. 백양산은 넓고 길어 여러 봉우리를 품고 여러 마을에 걸쳐 있다. 초읍 백양산, 구포 주지봉, 모라 운수산, 사상 삼각봉, 당감동 선암산 등이 백양산이 만든 준봉들이다. 주지봉(575m)은 그중 북쪽에 있는 높은 봉우리다. 만덕고개에서 연결되는 능선을 따라 올라가면 매봉이와 불웅령이 나온다. 불웅령에서 서쪽으로 벋어가는 세 개의 봉우리가 주지봉이다. 구포의 주산으로 삼형제봉 또는 낙타봉이라고도 한다. '주지'는 '거미'를 뜻하는 한자다. 멀리 낙동강에서 산을 바라보면 마치 거미가 웅크리고 앉아 있는 모습이라고 한다. 풍수지리설에 의하면 거미 형상의 지형은 부를 상징한다고 한다.

주지봉 기세가 낙동강을 향해 벋어 내리는 곳에 말등고개가 있다. 고개 끝 부분에 이르러 솟아오른 봉우리는 영산이라고 부른다. 영산 북쪽 음정골 주변에서 조개무지가 발견된 것으로 미루어 선사시대부터 이곳에 사람이 거주했음을 알 수 있다. 그러나 마을이 처음 형성된 지역은 영산의 앞자락(서쪽)이었다. 이곳에는 큰 마을이라는 뜻의 대리라는 자연마을이 있었다.

영산의 남쪽 골짜기는 북쪽이나 서쪽과 달리 근세에 들어 마을이 형성되었다. 골짜기 이름은 시랑골이다. 옛날 시랑골에는 수량이 풍부한 대리천이 낙동강을 향해 흘러내렸다. 큰 폭포도 세 개 있었다. 현재 대리천은 도시화로 오염되고 폭포도 사라졌다. 이 골짜기에는 금관가야 마지막 임금인 구형왕의 충신 이야기가 전한다. 그는 왕이 신라에 항복할 때 시랑 벼슬을 하던 사람이었다. 나라가 사라지는 것을 슬퍼하여 낙동강 건너 백양산 자락에 들어가 일생을 보냈다는데 아쉽게도 관련 유적은 이 일대가 개발되면서 사라지고 말았다.

한편 영산에서 꽤 떨어진 낙동강 포구 주변에도 자연마을이 들어섰다. 영산 주변이 본토박이들이 농사와 어업을 주업으로 하는 마을인 반면 이곳은 주로 장사를 하거나 외지인이 들어와 사는 마을이었다. 포구 이름은 감동포로 지금의 구포이다. 문헌에 보면 감동포는 조선시대 낙동강의 3대 나루 중 하나로 부근에 세곡 창고인 감동창과 큰 시장인 감동장이 있었다. 17세기 초부터 수운과 조운이 발달하면서 포구상업이 크게 일어난 곳이다. 20세기 초까지만 해도 일본에 쌀을 수출하는 나루로 번창했지만 구포역과 구포다리 준공 등 육로 교통이 발달하면서 점차 명성이 사라져 갔다. 구포라는 지명을 풀이할 때 거북이와 관련된 이야기가 많다. 가장 널리 알려진 것은 범방산과 구복포 이야기다. 범방산을 강 건너에서 보면 마치 거북이가 엎드려 있는 듯한 모습 즉 구복(龜伏)의 모습이다. 그래서 범방산 아래 포구는 구복포라는 지명이 붙었다. 구복포를 줄여 구포가 되었다고 추정한다.

1936년 완공된 낙동강 제방은 강의 모습을 크게 바꾸어 놓았을 뿐만 아니라 주민들의 삶에도 큰 영향을 주었다. 제방은 이 지역을 홍수와 수해에서 벗어나게 해 생계의 터전을 지켜주었고 문화와 휴식 공간을 제공하기도 했다. 그러나 강변으로 쉽게 진입하지 못하도록 만드는 역기능도 있었다. 현대에 들어 도시화가 진행되고 인구가 유입되면서 제방 양쪽으로 넓은 도로가 생기고 차량 통행도 많아지자 접근성은 더욱 떨어졌다.

이를 해결하기 위해 제방 안쪽과 강변을 연결하는 이음

길을 조성하는 노력이 이어지고 있다. 두 개의 보행교를 설치하여 강변으로 가는 접근성을 높이는 공사다. 구포 시장과 강변을 연결하는 금빛노을브릿지는 2022년 5월 완공되었다. 도시철도 구포역과 강변을 연결하는 감동 나루길 리버워크는 철새 도래지가 포함되어 공사가 느리게 진행되고 있으며 올해 말 완공 예정이다. 두 개의 다리가 완공되면 시민의 일상이 강과 더 가까워질 수 있을 것 같다.

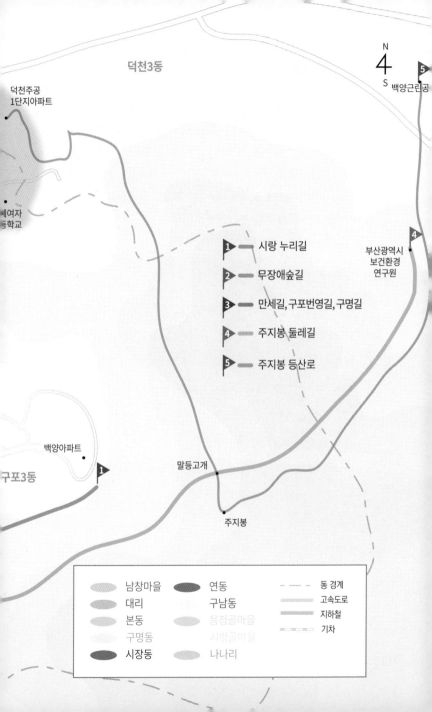

덕천3동

덕천주공
1단지아파트

N
4
S 백양근린공

폐여자
등학교

1 시랑 누리길

2 무장애숲길

3 만세길, 구포번영길, 구명길

4 주지봉 둘레길

5 주지봉 등산로

부산광역시
보건환경
연구원

백양아파트

말등고개

구포3동

1

주지봉

남창마을   연동
대리   구남동
본동   음정골마을
구명동   사랑골마을
시장동   나나리

— — — 동 경계
고속도로
지하철
기차

① 시랑 누리길

잘 다듬어진 길은 산허리를 가로질러 넝쿨 터널 속으로 사라진다. 터널 그늘에서 앞으로 벋어가는 길을 본다. 길 위로 햇살이 앞 다투어 앉는다. 길이 산허리를 돌 때마다 가파르고 긴 계단이 위아래로 나타났다 사라지곤 한다. 망해버린 조국을 등지고 이 골짜기를 찾아 들어온 시랑의 충절이 계단을 따라 산골을 맴도는 듯하다. 발아래 펼쳐진 구포3동의 전경이 낙동강을 저만치 밀치고 가파른 산자락을 메우고 있다.

시랑 누리길은 주지봉 자락에 있다. 구포3동의 주거지 위쪽 산길을 다듬어 산책로로 조성했다. 누리길로 가기 위해서는 구명지하철역 4번 출구 부근에서 일반버스나 마을버스를 이용해 태평양아파트 정류소에서 하차한 뒤 백양아파트를 향해 올라간다. 아파트 끄트머리에 이르면 산으로 오르는 긴 계단이 보인다. 계단을 오르지 말고 계단 옆으로 난 평평한 길을 선택한다. 누리길은 산을 오르는 길이 아니라 산허리를 도는 길이다.

누리길은 골짜기 높은 곳에 위치하기 때문에 접근성이 떨어진다. 그러나 일단 길에 들어서면 찾아간 수고가 눈 녹듯 사라진다. 눈앞에 펼쳐진 경치는 답답한 공간을 뚫고 갑자기 탁 트인 곳으로 나아간 듯 가뜬하다. 이 길은 자드락길이요, 에움길이요, 두름길이다. 직선으로 벋어가는 곳은 한 곳도 없다. 산허리를 휘감고 골짜기가 생긴 대로 이리저리 돌아간다. 골짜기가 휘어지면 따라서 굽어지고, 둘러가면 같이 에둘러간다. 오른쪽으로 시선을 돌려 보자. 멀리는 낙동강 물길과 김해평야, 그림같이 펼쳐지는 김해의 산 능선까지 한눈에 들어온다. 가까이는 구포 시가지와 다닥다닥 붙은 시랑골의 아파트와 주택들이 발아래 있다.

길 중간에 이르면 아래쪽에 험한 급경사면이 보이고 그 옆으로 가파른 계단이 나 있다. 이 계단은 주거지와 시랑길을 연결하는 두 개의 계단 중 하나다. 여기서 귀를 기울이면 물이 쏟아져내리는 소리가 들린다. 비탈과 수로 모두 시멘트로 덮여 있어 물줄기가 보이지 않지만 아마 폭포가 있던 자리로 추측된다. 양산군지에 나오는 시랑폭포로 높이가 10장 가량 되어 멀리서도 물소리가 들렸다고 한다. 옛날 시랑골이 짙은 숲과 험한 계곡으로 이루어졌을 당시 대리천에는 세 개의 큰 폭포가 있었다. 시랑폭포는 대리천의 첫 번째 폭포였다.

시랑골이란 이름은 옛날 금관가야가 망했을 때 시랑 벼슬을 하던 사람이 백양산 주지봉 자락에 들어와 세상을 등지고 여생을 보냈다는 전설에서 나왔다. 아마도 시랑은 몇 안 되는 금관가야의 마지막 충신이었을 것이다. 시랑 누리길에 서면 낙동강 너머 김해평야와 그 끝에 펼쳐지는 산들이 아스라이 보인다. 길 옆 산기슭은 신록으로 물든 활엽수로 온통 연두색 물감을 뿌린 듯하다. 능선에서 산골짜기를 타고 바람이 불면 풍성한 잎들이 은빛 물결을 일으킨다.

시랑 누리길에는 제법 긴 넝쿨 터널이 두 군데 있다. 터널은 햇빛을 가리기도 하지만 길을 한결 운치 있게 만드는 듯하다. 길 옆 경사면에는 산사태를 방지하기 위해 돌을 쌓아 벽을 만들어 놓았다. 그리고 벽면은 글과 그림으로 마치 시화전처럼 아기자기하게 꾸몄다. 내용과 구성은 크게 관심을 갖지 않는 것이 좋을 듯하다. 관리가 제대로 되지 않아 장식들이 퇴락하고 무질서하게 보인다. 그 또한 길 위의 경치로 간주하면서 걷자. 약 100m쯤 가다 보면 길은 숲길로 변한다.

울창한 숲으로 들어서면 돌탑들이 눈에 들어온다. 누리길은 돌탑 부근에서 두 갈래로 나누어진다. 이곳까지가 시랑누리길이다. 비록 거리는 짧지만 강을 향해 펼쳐지는 경치는 타의 추종을 불허한다. 시랑누리길은 비경을 품은 채 숨어 있는 공간이다. 널리 알려지더라도 부디 이곳이 삶의 터전인 주민들에게 도움이 되기를 바란다.

두 갈래 길 중 아래로 향하는 길은 마을로 간다. 산길이 끝나는 부근까지 내려가면 차도로 연결되는 길고 가파른 계단이 있다. 마을로 가려면 이 길을 선택하거나 왔던 길을 돌아 누리길 시작 지점으로 가면 된다. 더 걷고 싶은 아쉬움이 남는다면 앞으로 뻗어가는 숲길을 선택하자. 이 길은 주지봉의 산기슭을 따라 조성한 둘레길이다. 길이 여기저기 나 있고 사람들의 발길이 많이 닿아 걷기 편하다. 정상을 향해서 올라가면 금샘이 나온다. 그다지 먼 거리는 아니다. 금샘은 대리천의 발원지다.

금샘 방향 대신 남쪽으로 향하면 교목으로 이루어진 울창한 숲을 지나 세 갈래 길에 이른다. 각각 운수사, 모라동, 무장애숲길로 갈 수 있다. 무장애숲길로 향하면 범방산 정상에 다다른다. 이곳에서 김해평야와 낙동강을 다른 각도로 조망할 수 있다. 내려가는 길도 무장애숲길을 이용하면 된다. 나무데크로 만들어져 이름 그대로 남녀 노소가 쉽게 산행을 할 수 있는 길이다. 이 길로 내려가면 낙동북로와 구명지하철역까지 걸어서 닿을 수 있다.

② 무장애숲길

무장애숲길이 조성된 산은 범방산이다. 범바우산 또는 거북산이라고도 한다. 산 이름에는 하나하나 역사가 있고 이야기가 있다. 이 길은 말 그대로 남녀노소 누구나 큰 어려움 없이 산 정상까지 쉽게 오를 수 있다. 땅 위의 등산로 대신 나무데크가 나무들 위로 길을 만들고 있다. 마치 공중에 매달린 길을 걷는 듯하다. 데크 주위는 짙은 숲이 땅을 가리고 있다. 햇살이 숲 위로 앞 다투어 내려앉는다. 몇 마리 새가 키 큰 나무의 우듬지 위에서 날아오른다.

무장애숲길을 가기 위해서는 구명지하철역 2번 출구로 나오면 된다. 조금만 직진하면 낙동북로의 넓은 도로를 만나게 된다. 낙동북로는 동서로 뻗어 있다. 서쪽은 구포대교를 향해 내려가고 동쪽은 학생예술문화회관을 향해 올라간다. 동쪽 오르막길로 방향을 잡고 얼마쯤 오르면 학생예술문화회관으로 넘어가는 터널이 보인다. 터널 조금 못 미쳐 오른쪽으로 조그만 쌈지공원과 주차장이 있다. 쌈지공원 안쪽에 무장애숲길 입구가 있다. 무장애숲길은 출발 지점부터 나무 데크로 조성되어 있어서 흙을 밟지 않고 범방산 8부 능선까지 오를 수 있다.

범방산은 구남동 뒷산의 두 봉우리 중 큰 봉우리다. 작은 봉우리는 비학산이다. 범방산에는 무장애숲길이 조성되어 있고 비학산에는 솔뫼이에듀파크가 들어서 있다. 두 봉우리를 합쳐 거북산이라고 한다. 구포라는 지명은 이 산 지형과 관련 있다. 두 봉우리를 낙동강에서 바라보면 마치 거북이가 강 옆에 엎드려 있는 형상이라고 한다. 이를 보고 '거북이가 엎드려 있다'라는 뜻의 한자인 '구복'이란 글자와 나루를 의미하는 '포'를 합쳐 구복포라 했고, 나중에 줄여서 구포라는 지명이 되었다는 것이다.

범방산을 풀이하면 뜰 범(泛), 배 방(舫), 즉 '배가 뜨는 산'이다. 조선시대 범방산 근처에는 두 곳의 큰 나루가 있었다. 한 곳은 지금의 구포인 감동나루고 또 한 곳은 지금의 사상구 모라에 있던 사천원나루였다. 감동나루에는 군량미와 군수물품을 공급하던 군창인 감동창이 있어 관선들이 수시로 드나들었다. 사천원나루에는 왜왕이 보낸 사신이나 교역하는 일본인들이 타고 온 배가 정박했다. 구포와 모라

두 곳에 큰 나루를 끼고 배가 드나들던 곳의 배산 역할을 했기에 범방산이라는 이름이 붙은 것이다.

한편 향토지에는 이 산을 범바우산이라고 칭한다. '호랑이바위산'이라는 뜻이다. 이름이 생겨난 유래가 재미있다. 옛날에 호랑이는 두려움과 경외의 대상이었다. 큰 산에는 호랑이 한 마리가 터줏대감처럼 산다고 생각했다. 그러한 호랑이를 산신령이라고 불렀다. 금정산에도 산신령이 있었다. 어느 날 산신령 호랑이는 떠돌이 호랑이인 난달호랑이의 도전을 받게 되었다. 결투에서 이기는 호랑이가 금정산의 주인이 되는 것이다. 싸움이 일어난 곳은 화산의 대밭골 호투장이었다. 싸움에서 산신령 호랑이가 그만 패하고 말았다. 싸움에 진 호랑이는 백양산 줄기를 타고 남쪽으로 내려가다 강 쪽으로 불쑥 튀어나온 나지막한 산에 이르렀다. 호랑이는 그곳에서 화산을 바라보며 슬픔에 빠졌다. 그리고 큰소리로 울부짖다 굴러 떨어져 죽은 후 호랑이 모양의 바위가 되었다.

사람들은 범바위가 있는 산을 범바우산, 범바위가 있던 골짜기는 호암골이라 불렀다. 『조선지지』 자료(1911년)에 호암골이라는 지명이 나온다고 한다.

결국 이 산은 이름이 세 개다. 범방산, 거북산 그리고 범바우산. 산 이름은 시대에 따라 취향에 따라 다르게 불린다. 사람들이 어떻게 부르든 산은 예나 지금이나 묵묵히 강을 바라보며 변함없이 그 자리에 서 있다.

숲길은 2010년 6월에 착공하여 2013년 12월까지 산림청과 부산시의 지원을 받아 북구청에서 조성했다. 길이는 약 2.1km이고 폭은 1.5~2m다. 8도 이하의 완만한 경사로가 지그재그로 이어져 휠체어나 유모차도 올라갈 수 있다. 중간 중간 휠체어 교차 공간도 마련되어 있다. 무장애숲길은 산을 오르기 쉬울 뿐만 아니라 다양한 모양의 바위를 구경할 수 있고 전망대도 세 군데나 있어 산행을 더욱 즐겁게 한다.

무장애숲길 입구를 지나면 길 옆 산비탈은 시작부터 다

양한 종류의 나무가 눈을 즐겁게 한다. 벚나무, 참나무, 소나무, 단풍나무 같은 교목과 배롱나무, 애기동백, 산목련 같은 소교목, 생강나무, 사스레피, 진달래 같은 떨기나무 등이 보인다. 모두 꽃피는 시기가 다르니 수시로 꽃구경을 할 수 있는 숲길이다. 곧이어 선강약수터가 나오고 얼마쯤 올라가면 첫 번째 전망대가 나온다. 전망대에서 내려다보면 구포 시내와 구포다리가 가깝게 보인다. 계속 가면 구포 무장애숲길 안내문이 보이고 정승바위 전망대라고도 하는 두 번째 전망대에 이른다. 시야가 넓어지면서 낙동강 물길과 김해평야가 한눈에 들어온다. 주변에 다양한 형태의 바위가 보인다. 저마다 이름도 있다. 거북바위(황제바위), 정승바위(맷돌바위), 할매바위 등이다.

두 번째 전망대를 뒤로 하고 데크를 따라 계속 올라가면 지나온 길과는 사뭇 다른 느낌이 든다. 데크가 어느덧 나뭇가지 윗부분에 걸려 있다. 마치 나무 위를 걷는 듯하다. 산허리가 돌면 나무데크도 돌아간다. 경치도 시시각각 달라진다. 데크길이 크게 한 굽이 돌면 산과 숲이 끝나고 넓고 넓은 낙동강 하구가 활짝 눈앞에 펼쳐진다. 바로 앞에 세 번째 전망대인 하늘바람전망대와 해발 210m 표지판이 서 있다. 나무데크길이 끝나는 곳이다. 전망대에 서면 일망무애의 경치가 펼쳐진다. 저 멀리 양산, 대동, 대저, 김해평야, 삼락생태공원 그리고 다대포까지 한눈에 들어온다. 발아래로는 구포 전경이 펼쳐지고 낙동강 물줄기가 굽이치는 모습이 보인다.

범방산 정상은 해발고도 271m로 좀 더 올라가야 한다. 하늘바람전망대부터 정상까지는 나무데크가 설치되어 있지 않다. 하산을 할 때는 역순으로 원점 회귀를 하든지 구포도서관 쪽으로 난 둘레길 또는 거북바위가 있는 범방산 등산로를 따라 내려가면 단조로움을 피할 수 있다.

인디언들은 구슬로 목걸이를 만들 때 일부러 흠 있는 구슬 하나를 끼워 넣는다고 한다. 그들은 이를 영혼의 구슬이라고 부른다. 페르시아 직공들도 카펫을 짠 다음 털실한 올에 흠을 내는데 이를 페르시아의 흠이라고 한다. 범방산 무장애숲길은 등정을 목표로 빠르게 걷는다면 다소 실망할 수 있다. 다이내믹한 숲길은 기대하지 않는 것이 좋다. 대신 영혼의 구슬처럼 페리시아의 흠처럼 마음에 빈자리를 품고 자연과 호흡하는 것에 의미가 있다. 범방산 등산로는 자연과 사람, 사람과 사람이 더불어 걷는 느려서 아름다운 길이다.

③ 만세길, 구포번영길, 구명길

구포에는 햇빛이라는 객관적 사실과 달빛이라는 주관적인 이야기가 시간이 지나면서 역사가 되고 신화가 된 길이 있다. 바로 옛 감동포구와 연결되었던 길이다. 비록 지금은 변두리처럼 보일지도, 평범한 길일지도 모른다. 그러나 이 길에는 조선 후기부터 3백여 년 동안 포구 상업을 통해 축적한 경제적 번영의 흔적이 있다. 또한 일제강점기 조국의 독립을 위해 노력한 구포 사람들의 정신이 화석처럼 남아 있다. 걸으면서 천천히 숨은 흔적을 찾아보고 정신을 느껴본다면 구포의 새로운 얼굴을 만나게 될 것이다.

옛날에는 만세길을 구 장터길 또는 역전통이라고 불렀다. 구포역 앞에서 북쪽으로 난 길이다. 이 길 부근은 조선시대에 감동포라고 불렸다. 감동포는 낙동강 유역의 3대 나루 중 하나였다. 17세기 초 포구 뒤쪽으로 감동창이라는 세곡창이 들어섰고 부근에는 큰 시장인 감동장이 있었다. 감동포는 조운과 수운이 발달된 포구 상업 지역이었다. 그리고 대한제국 시절에는 부산항 개항과 더불어 미곡을 일본에 수출하는 전진 기지 역할을 했다. 구포의 근대식 정미소에서 도정한 쌀이 배편으로 일본에 수출되면서 구포나루에는 300~500석을 싣는 대형 범선들이 정박했다고 한다. 또한 일제강점기에는 밀을 집하하고 제분, 제면하여 우리나라 전역과 일본으로 보내는 물산의 집합지이자 물류의 중심지였다. 이처럼 활발하게 물산이 모여들고 흩어지는 영향으로 만세길 주변은 일찌감치 구포역, 구포우체국, 구포은행 같은 근대 시설이 들어서면서 지역의 중심지가 되었다.

무엇보다도 이 길은 1919년 장터만세운동이 일어났던 현장이다. 군중들이 1919년 3월 29일(음 2월 28일) 구포 장날에 만세길에서 철도 건너편에 있었던 주재소를 향해 대한독립 만세를 부르며 행진했다. 이 의거는 부산지역에 일어났던 부산부 일신여고 또는 동래읍 동래고보 학생 의거와는 달리 청년, 상인, 농민, 노동자 등이 중심이 되었다. 만세운동이 일어난 후 적극적인 가담자 42명 중 38명이 기소되어 수감되었다.

이 길은 해방 후 힘들고 어려웠던 시절을 거치며 한동안 잊혀졌다가 광복 50주년이 되던 1995년 기억 속으로 돌아왔다. 북구청이 3·1만세운동 기념사업으로 도로를 정비하고 '만세길'이란 도로명을 지정한 것이다. 2014년에는 북구청 사업으로 철도 방음벽 위에 구포장터 만세운동을 재조명하는 벽화를 그렸다. 벽화에는 양봉근, 임봉래, 윤경 등 당시 만세운동을 주도했던 이들과 윤현진, 손진태 등의 독립운동가, 만세운동에 적극적으로 가담한 사람들의 이름과 직업이 소개되어 있다. 이 벽화는 구포장터 만세운동을 묘사하고 역사적 사실을 알리는 데 큰 역할을 하고 있다.

구포번영길로 가기 위해서는 만세길에서 철도를 건너야 한다. 이곳을 옛날에는 땡땡이 건널목이라고 했다. 기차가 오면 건널목 차단기가 내려오면서 '땡땡땡' 하고 알려주었기 때문이다. 1945년에 설치된 건널목은 2003년 KTX가 지나면서 철거되고 현재는 지하보도가 생겼다. 지금의 만세길과 지하보도가 만나는 부근에 감동장(옛장터)이 있었는데 화재로 전소되었다. 수많은 상인들이 어려움에 처하자 지역주민들이 복구를 위해서 의연금을 거두기도 했다. 구포동화재의연기념비(1914년 8월)에 이러한 사실이 자세히 기록되어 있다. 그 후 1933년 옛 시장에서 철길을 건너 현재의 구포시장 위치에 새로운 장터를 만들어 옮겼다. 주민들은 이를 기념하기 위해 옛 장터에서 새장터로 가는 길목의 이름을 구포번영길이라고 지었다. 일제강점기에는 정초가 되면 다함께 이 길에 모여 줄다리기 시합을 벌였다고 한다. 구포 사람들이 친목과 단합을 과시한 공간이었지만 지금은 옛 모습이 사라지고 많이 바뀌었다.

구포번영길은 지하보도 입구에서 구포시장을 향해 벋어 있다. 현재 구포시장 8번 게이트로 진입해서 5번 게이트로 나오는 꽤 넓은 시장 통로에 해당한다. 예전에 길 좌측은 연동, 우측은 구명동, 시장을 향해 계속 들어가면 시장동이었다. 8번 게이트를 들어서면 왼쪽으로 약초 골목길이 나오고 통로 중간에 사거리가 나온다. 이곳은 구포시장의 중심부이다. 왼쪽으로 가면 구포시장 정문인 1번 게이트가 나오고 오른쪽으로 가면 오일장이 처음 시작된 구역이 나온다. 지금도 오일장이 열리면 가장 붐비는 곳이다. 번영길을 따라가면 구포시장의 모습을 비교적 자세히 볼 수 있다. 옛날 이 길 남쪽 구역에는 우시장, 나무전, 어물전, 옹기전과 함께 국수 공장이 밀집해 있었다. 최근 재래시장 살리기 사업으로 시장 통로에 아케이드를 설치하고 가게들도 재정비해 시장 공간을 약초 거리, 의류 거리, 야채와 과일 거리, 수산물 거리 등 12개 특성화 거리로 조성해 놓았다.

구명길은 구포번영길의 남쪽에 위치한다. 백양산 자락을 향해 완만하게 올라가는 길이다. 구명길이라는 이름은 구포 안동네인 구명동에서 유래한다. 철도를 건너는 지하보도에서 구포초등학교까지 길 양쪽에 있는 마을로 '구명'은 '거북이의 신명함'을 의미한다. 구포초등학교 옛 이름도 구포사립구명학교이다. 구포 남창 터에 있던 학교가 1921년 지금 자리로 신축하여 옮겨오면서 이 거리가 활성화 되었다.

구명길은 만세길에서 철도를 넘어오는 지하보도에서 시작해 구포초등학교 앞 교차로까지다. 길을 따라 오르면 먼저 좌측에 북구재활용센터가 보인다. 지역 원로들의 모임인 구포기로사(1918년 창립)가 있던 장소이다. 조금 더 올라가면 부산에서 네 번째로 세워진 구포교회(1905년 설립) 터가 있었다. 현재는 음식점이 들어섰다. 계속 가면 구포1동 행정복지센터, 구포성당(1958년 설립)이 차례대로 나온다. 곧이어 백양대로와 만나게 되고 대로를 건너면 구포초등학교와 연결된다. 이 부근은 구포시장보다 상대적으로 높은 지대다. 백양대로라는 큰 도로가 지나가기 전에는 이곳을 비석골이라고 불렀다. 양산 군수 이유하의 축은제비가 남아 있어서다. 옛날 큰비가 내리면 대리천이 범람해서 저지대였던 구포시장 일대가 물에 잠기는 일이 빈번했다. 이를 해결하기 위해 당시 군수였던 이유하가 대리천에 제방을 쌓아서 구포시장 일대를 수해에서 벗어나게 했다. 축은제비는 이를 기념해 1809년 세워진 공덕비다. 현재 비석은 구포시장 5번 게이트 앞 빈터로 옮겨졌다.

구포의 번영과 함께한 세 길은 이후 구포의 경제적 쇠퇴와도 운명을 같이했다. 그러나 2018년부터 시행된 도시재생사업을 통해 긴 잠에서 깨어나기 시작했다. 만세길을 중심으로 문화 플랫폼을 세워 주민 공동체에 활력을 주고, 구포국수 체험관, 청년가게, 게스트하우스 등을 만들어 방문객을 끌어들이고 있다. 도로를 새로 포장하고 주변 환경을 정비했으며 만세운동을 기리는 벽화도 다시 단장했다. 금빛노을브릿지와 감동나루길 리버워크 건설 같은 장기 계획에 머물던 사업도 성과를 내고 있다. 두 다리는 덕천동 젊음의 거리, 구포시장, 구포 기차역과 지하철역, 화명생태공원을 연결하는 이음길을 완성한다. 그때면 이곳도 새로운 역사를 쓸 것이다. 수백 년을 숙성시킨 구포의 정신과 멋을 지니고 있는 이 길은 구포의 시간과 늘 함께할 것이다.

④ 주지봉 둘레길

이 둘레길은 만덕동, 덕천동, 구포동에 걸쳐 있다. 산길이 약 6km로 상당히 길어 다양한 방향으로 산행을 즐길 수 있다. 중요한 것은 무리하지 말고 갈림길마다 잘 선택해 방향을 잡는 것이다. 하산길이 많기 때문에 짧게 산행을 마무리할 수도 있다.

둘레길의 시작은 부산광역시 보건환경연구원이다. 만덕 지하철역 3번 출구로 나와 9번 마을버스를 타고 종점인 만덕고등학교 정류소에서 하차한다. 보건환경연구원 건물 뒤편 숲에 나무데크길과 쉼터가 조성되어 있고 서쪽 면에서 임도가 시작된다. 임도를 따라가도 되지만 시멘트로 포장된 길이라 걷기 불편하다. 흙을 밟고 싶다면 건물 뒤쪽의 산 위로 올라가는 길을 따라가자. 몇 분 정도 가면 꽤 넓은 산길이 나온다. 그곳에서 오른쪽(서쪽)으로 걸어가면 체육시설과 샘이 나온다. 그리고 곧이어 조성이 잘 된 임도와 만난다. 도로 한쪽에 2020년 임도 신설사업 표지석과 임도 기점 0.0km라는 안내판이 나란히 서 있다. 표지석 옆 오솔길을 따라 올라가면 동서로 벋어가는 둘레길을 만나게 된다. 북구청이 2007년부터 조성한 북구 순환 웰빙산책로의 일부다. 편백나무가 우거진 만남의 숲에서 무장애숲길까지 연결된 둘레길이다. 둘레길 오른쪽으로 방향을 잡는다.

둘레길 주변은 갖가지 활엽수가 서 있다. 북구에서 조성한 백양산 만덕도시숲이 앞에 보인다. 부근에는 온통 얼룩무늬 노각나무와 피톤치드가 풍부한 편백나무가 줄지어 서 있다. 체육시설과 암석원 학습장도 있다. 학습장을 둘러보면 우리나라의 산림자원과 암석 등에 관한 풍부한 지식을 얻을 수 있다. 이 지점에 하산길이 있다. 하산길을 따라가면 덕천로와 만나고 덕천3동 주민센터가 나온다.

암석원 학습장을 지나 둘레길을 타고 계속 앞으로 걸어가면 어느덧 노각나무 군락을 벗어난다. 한 굽이를 돌면 이번에는 참나무, 느티나무, 벚나무 같은 교목들이 숲 속에서 자태를 드러낸다. 때죽나무도 몇 그루 보인다. 이 둘레길은 길다. 바위와 돌이 많고 길 자체가 울퉁불퉁하다. 그러나 걷기 지루하지 않고 피곤하지도 않다. 작은 나무들 사이로 불쑥불쑥 풍부한 수관을 자랑하듯 서 있는 아름드리 노거수 때문이다. 수백 년 생존 경쟁 속에서 주름 잡히고 생채기 난 몸통이 지그시 드러내고 있는 느리고 느긋한 기운 때문일 것이다.

주지산 둘레길은 가을의 길이다. 길 주변이 활엽수로 채워져 있어 단풍이 물들 때 걸으면 운치가 난다. 늦가을에는 떨어지는 나뭇잎들이 바람결을 따라 춤춘다. 산길은 주지봉 허리를 따라 서쪽으로 향한다. 몇 굽이를 돌았던가. 계곡도 여럿 지나왔다. 숲이 짙으면 계곡천이 흐르기 마련이나 이 산길에는 물이 흐르는 곳이 없다. 아마도 수량이 적고 바위투성이라 물이 바위 밑으로 흐르는 듯하다.

산길은 방향을 크게 틀어 남서쪽을 향한다. 나무들이 사라지고 시야가 넓어지면서 건너편 상학산 상계봉과 만덕동, 덕천동이 한눈에 들어온다. 북쪽 멀리 고당봉도 아스라이 보인다. 산길에 돌이 점점 더 많아지다 다시 숲으로 들어간다. 곧이어 백양산 등산 안내도와 제4쉼터를 알리는 동네 체육시설물 안내판이 나온다. 체육시설에서 덕천주공아파트로 내려가는 하산길이 있다. 하산길을 뒤로 하고 계속 직진하면 길은 다시 숲 밖으로 나온다. 그리고 눈앞에 너덜 지대가 펼쳐진다. 햇빛을 받아 깨진 돌들이 빛을 하얗게 반사한다. 구포 시내와 낙동강이 보이고 멀리 대동까지 경치가 시원하게 펼쳐진다.

너덜 지대를 지나면 길은 다시 숲으로 들어가면서 주지봉으로 올라가는 등산로 표시판이 나온다. 이곳은 말등고개다. 주지봉에서 벋어 내리는 짧은 능선이다. 질매재라고도 부른다. 능선은 낙동강을 바라보며 다시 솟아 작은 봉우리를 만든다. 영산이다. 영산 아래에는 구포에서 가장 오래된 자연마을인 대리가 있었다.

말등고개를 지나 계속 가면 숲과 너덜 지대가 반복된다. 옛날 주지봉에서 생산한 구들장을 부산 전역에서 썼다. 1950년대에는 산 정상까지 차가 오르내렸다고 한다. 주지봉 돌은 구포에서 김해까지 도로 포장할 때 사용하기도 했다. 너덜 지대는 그 흔적이 남아 있는 곳이다. 누군가 쌓은 돌탑 행렬이 장관을 이룬다. 길은 다시 한 굽이를 돌아 구포 시내를 내려다보면서 남쪽으로 벋어간다. 구포대교가 보이는 부근에 이르면 두 갈래 길이 나온다. 윗길로 가면 대리천의 발원지인 금샘을 볼 수 있다. 아랫길로 내려가면 금수사 뒤편 체육시설이 나오고 또 다시 갈림길이 나온다.

아래쪽 방향을 선택하면 시랑누리길(3-① 참조)이 나오고 쉽게 하산할 수 있다. 산행을 계속하고 싶다면 갈림길에서 직진하는 방향을 선택한다. 길은 어느덧 시랑골을 돌아 모라동을 향한다. 이곳에서 마지막 너덜 지대를 만난다. 곧이어 산길은 오르막이다. 오르막이 끝나는 지점에서 갈림길이 나오지만 계속 직진하면 이번에는 내려간다. 얼마쯤 가면 세 갈래 길에 이른다. 각각 운수사, 모라동, 무장애숲길로 갈 수 있다. 무장애숲길을 선택해 내려가면 범방산 하늘바람전망대를 만난다. 무장애숲길의 제일 높은 전망대. 여기서부터 길은 나무데크로 되어 있어 흙을 밟지 않고 하산할 수 있다. 구포도서관 쪽으로 가기 위해서는 전망대 부근에서 나무데크길을 벗어나 하산하는 길을 선택한다. 길은 도서관 경내를 통과하여 구남지하철역에 이른다.

⑤ 주지봉 등산로

주지봉은 구포의 주산이다. 산 이름인 '주지'는 거미라는 뜻이다. 멀리 낙동강에서 바라보면 마치 거미가 웅크리고 있는 형상이라서 붙은 이름이라고 한다. 구포에서 보면 동쪽에 우뚝 서 있는 높은 봉우리다. 주지봉은 낙동강을 향하여 벋어 있는 세 개의 암봉으로 되어 있다. 주지봉에서 바라보는 백양산의 긴 능선과 발아래 펼쳐지는 낙동강 하구의 모습 특히 구포 시내 전경은 산행의 행복을 새삼 느끼게 한다.

만덕도서관 위에 있는 백양근린공원의 나무 계단을 따라 산길로 접어든다. 잠시 후 전망대가 보이고 오른편으로 만덕동과 건너편에 우뚝 선 상계봉의 정상이 보인다. 정상은 하나의 큰 암봉으로 이루어졌다. 금정산의 특징 가운데 하나인 인셀베르그(기암괴석)다. 특히 상계봉은 크고 웅장하여 멀리서도 선명하게 보인다.

산길을 계속 오르면 거친 흙과 돌 사이에 군데군데 황토로 된 구역이 나온다. 이 길은 원래 함박고개 맨발길로 백양근린공원에서 만남의 숲까지 황토로 조성된 약 1km 구간이다. 2009년 만덕2동 주민센터와 주민들이 만든 길로 황토와 마사토를 뿌리고 다져서 맨발로 걸을 수 있도록 정비했다. 그 후 꾸준히 유지 관리하지 않고 방치한 듯하다. 황토와 마사토가 빗물에 씻겨 나가 맨발로 걷기 불편한 곳이 군데군데 있다. 그렇지만 잘 조성된 산길과 짙은 숲이 있다. 쉴 수 있는 공간도 마련해 두었다. 시원한 바람이 모이는 산 중턱에는 큰 나무들 사이로 벤치와 탁자가 있다.

계속 올라가면 함박고개가 나온다. 고개를 따라 직진하면 성지곡수원지 쪽으로 내려간다. 고개에서 오른쪽으로 난 능선을 따라 올라가야 한다. 주변은 온통 키 큰 참나무, 벚나무, 소나무 등으로 둘러싸이고 발아래 황토 흙이 밟힌다. 멋진 능선 길이다. 곧이어 내리막이 나온다. 말 그대로 함지박을 엎어놓은 듯 짧고 둥근 봉우리다. 내리막이 끝나는 부근에 낙동문화원에서 설치한 부태고개 안내판이 서 있다. 옛날 만덕동 주민들은 초읍 쪽을 오갈 때 이 고개를 넘었다. 부태는 부처님 형상이라는 뜻이다. 초읍에서 이 고개를 넘을 때 건너편 산 아래 만덕사 불상이 보였다는 이야기가 전해온다.

능선 길 옆에 만남의 숲 안내문이 보이고 그 옆에 화장실이 있다. 만남의 숲은 편백나무로 가득하다. 정상으로 가기 위해서는 만남의 숲으로 들어가지 말고 능선 길을 따라 계속 걸어야 한다. 길 옆에 운동기구가 몇 개 있고 갈림길이 보인다. 수평으로 난 능선 길은 주지봉 둘레길이다. 정상으로 가려면 오르막을 택해야 한다. 정상으로 향하는 산길은 암석 투성이에 가파르다. 지나온 길과는 사뭇 다르니 조심스럽게 등산해야 한다. 때때로 손도 사용해야 한다. 쉽고 안전하게 오르기 위해서는 나무나 바위를 잡아야 하는 곳이 있다.

첫 번째 봉우리는 매봉이(598m)이다. 봉우리 정상에서 북쪽을 보면 상학산 상계봉이 우람하게 치솟아 있다. 동쪽에는 만덕고개가 길게 늘어서 있고 고개 너머 동래지역이 보인다. 상계봉과 만덕고개가 만든 넓은 공간 안에 만덕동이 자리 잡고 있다. 아파트가 빼곡하게 들어찬 곳이다. 덕천천이 흘렀던 넓은 계곡 역시 복개된 덕천천 양쪽으로 산자락을 타고 온통 아파트와 주택이 들어섰다. 옛이야기에 나오는 기비현과 만덕리의 모습, 기찰강이 흐르고 배들이 떠다니던 모습은 상상조차 하기 힘들다.

눈길을 들어 멀리 남쪽을 바라보면 불웅령(불태령,

616m)이 보이고 능선이 파도처럼 눈앞에 펼쳐진다. 머리 위 하늘은 거울처럼 맑고 눈부시게 푸르다. 능선길은 키 작은 떨기나무들과 억새들 사이로 구불구불 기어가고 있다. 아름다운 광경이다. 걷는 자만이 느끼는 행복이다. 그러나 길은 결코 만만하지 않다. 걷는 사람을 그다지 반기지 않는 듯 급경사와 바위들이 발걸음을 더디게 만든다. 불웅령에 다다르면 앞쪽으로 능선이 계속 이어지는 것을 볼 수 있다. 멀리 백양산 정상이 조그맣게 보인다. 서쪽으로는 낙동강 푸른 물이 김해평야를 가로질러 도도히 흐르고 있다.

주지봉(570m)으로 가기 위해서는 불웅령에서 서쪽으로 향해야 한다. 남쪽으로 치닫는 능선을 옆으로 하고 낙동강으로 향하는 산길을 따라가야 한다. 약간 내리막이다. 옆에는 큰 철탑이 서 있고 주변은 키 큰 풀과 키 작은 나무가 강바람에 흔들린다. 주지봉의 암봉 세 개가 나란히 강을 향해 솟아 있다. 산악인들은 낙타봉이라고도 부른다. 산행은 주지봉에서 발아래 보이는 구포 전경과 낙동강을 조망한 뒤 다시 불웅령으로 돌아와 백양공원으로 원점회귀 하는 것으로 마무리할 수 있다.

만약 다른 길로 하산하고자 한다면 주지봉에서 계속 하산하여 덕천주공 1단지로 내려가는 길이 있다. 이 길은 급경사와 암벽으로 되어 있기 때문에 조심해야 한다. 물론 암벽을 우회하는 길도 있다. 계속 내려가면 돌탑봉이 나오고 곧이어 갈림길이 나온다. 길이 넓고 편해진다. 한쪽에는 큰 나무 몇 그루가 있고 건너편으로 이정표가 서 있다. 이곳은 말등고개다. 나무 밑에 벤치가 있어 잠시 쉴 수도 있다.

갈림길에서 북쪽으로 난 숲길은 만남의 광장, 남쪽으로 난 숲길은 운수사 방향이다. 말등고개를 중심으로 남쪽으로는 시랑골마을, 북쪽으로는 음정골마을이 있었다. 지금은 자연마을의 경계가 희미해져 큰 의미는 없지만 옛날에 고개는 마을을 구분하는 중요한 기준점이었다. 갈림길에서 만남의 광장이나 운수사 방향이 아닌 직진 방향을 선택한다. 얼마쯤 가면 음정골 쪽으로 내려가는 길이 보인다. 숲길은 백천약수터와 보광사에 이른다. 보광사 앞에서부터는 포장길이다. 길을 따라 내려가면 덕천주공아파트 1단지에 도착한다. 산행은 아파트를 내려가 산복도로(덕천로)에서 멈춘다.

낙동강 수로의 메카(Mecca) 감동포

감동포는 구포의 옛 이름이다. 물길 따라 사통팔달이 가능했던 포구에는 물자와 사람이 모여들었다. 조선시대에는 상주의 낙동진, 합천 율지 밤마리 나루와 더불어 낙동강의 3대 나루였다. 그러나 낙동강에 제방을 쌓으면서 나루터는 육지로 편입되어버렸다. 나루터 자리에는 큰 건물이 들어서고 그 앞으로 넓은 도로가 생겨 차들로 붐빈다. 복잡한 차도를 건너 강둑에 올라서야만 비로소 강물을 만날 수 있다.

강둑 위로 올라가 보자. 비록 강은 제방에 갇혀 일자로 흐르지만 탁 트인 넓은 하구의 모습은 기억 속 감동포의 모습을 떠올리기에 충분하다. 강물은 태백 황지에서 출발하여 1,300리를 꿈틀꿈틀 쉬지 않고 흘러왔다. 햇살이 흰 포말을 만들어놓은 물결 위로 강은 출렁이며 침묵 속에 담고 있는 내밀한 역사를 풀어놓는다.

감동포의 역사는 신라와 금관가야 시대로 거슬러 올라가지만 본격적으로 번영한 것은 훨씬 뒤였다. 17세기 무렵 감동창이 설치된 후 감동포는 경제적 활기를 띠기 시작했다. 감동창은 수군의 군량미를 저장하는 군창이었다. 경상도 일대에서 거두어들인 세곡(사포량)이 이곳에 보관되었다가 다시 경상도 일원의 수군 진영에 전달되었다.

그 후 감동창은 기능이 확대되어 전세와 공물세를 저장, 운송하는 조세 창고의 기능도 겸하게 되었다. 이에 따라 수많은 배와 인력이 동원되고 각지의 물산이 포구로 모이기 시작했다. 교역량이 늘게 되자 사람들도 이익을 좇아 몰려들었다. 자연스럽게 포구 부근에 감동장이라는 큰 시장이 들어섰다. 1876년 부산포가 개항한 뒤로는 내륙에서 운반된 쌀을 집하하고 일본으로 수출하는 전진기지 역할도 했다. 즉 국제무역을 위한 나루가 된 것이다.

구포복설비를 보면 당시 감동포의 경제적 번영을 짐작할 수 있다. 구포복설비는 감동포가 있었던 남창리가 1869년 양산군에서 동래부로 이속되었다가 1874년 다시 양산군으로 돌아간 사건을 기록한 비석이다. 동래부가 세수 확대를 위해 양산군 소속이었던 좌이면 남쪽의 사량리, 남창리, 소요리, 유도리를 빼앗아간 사건이었다. 이러한 다툼은 감동포의 경제적 가치를 증명하는 것이기도 했다. 일제강점기에는 밀의 저장과 가공을 위한 제분 제면 시설까지 세워지면서 중심지 역할이 이어졌다. 구포역(1903년), 구포우체국(1904년), 구포사립구명학교(1907년), 구포은행(1912년) 등 근대 시설도 들어섰다.

그러나 일제가 우리나라를 본격적으로 수탈할 목적으로 부산항을 넓히고 경부선을 부설하고 도로와 다리를 건설하면서 감동포 일대는 전환기를 맞이했다. 구포역 개통(1903년)과 낙동강 장교의 준공(1933년) 등은 육로 교통의 발달을 가져왔고 이 지역에 큰 변화를 초래했다. 수로교통 중심인 포구의 역할은 더 이상 예전 같지 않게 되었다. 그리하여 구포의 화려했던 옛 명성은 잊혀져 갔다.

옛날 포구의 모습은 현재와 아주 달랐다. 구포제방(1936년)을 쌓기 전에는 지류가 발달해 크고 작은 샛강들이 모여들었고 모래섬들이 생성과 소멸을 거듭했다. 강폭은 넓게 퍼져 있었고 강물은 완만하게 흘러 바다와 합류하는 전형적인 삼각주 지대였다. 맞은편 강변까지 늪과 갈대가 이어지고 철새들이 모여드는 야생의 강이었다. 모래섬 사이로 흐르는 강이 멀리서 보면 마치 세 줄기로 흐르는 듯이 보여 사람들은 감동포에서 다대포까지 흐르던 강을 삼차수 또는 삼차강이라고 불렀다.

수많은 시인 묵객들이 삼차수의 아름다운 풍광을 기리는 제영을 남겼다. 특히 1693년(숙종 19년) 양산군수 권성규는 감동포구 뒤편 낮은 언덕에 삼칠루라는 누각을 건립했다. 이 누각에서는 삼차수의 경치를 한눈에 바라볼 수 있었다. 후대 양산군수들이 삼칠루에 대한 한시를 몇 편 남겼는데 아래 한시는 그 중 하나이다. 지은이는 김이만(金履萬 1683~1758)으로 양산군수로 재직했을 때 남창으로 업무 차 왔다가 이 시를 지은 것으로 보인다. 마침 그날은 비바람이 불었던 모양이다. 삼칠루는 궂은 날씨에도 강변에 우뚝 솟아 한눈에 들어왔다. 마지막 행에는 삼칠루 앞 감동포구의 모습이 나온다. 수많은 배들이 포구에 정박해 있었다고 하니 감동포의 크기를 조금이나마 짐작해 볼 수 있겠다.

삼칠루
三七樓

강간풍우주명명　해기흡입암각성
江干風雨晝冥冥　海幾吹入暗覺醒

삼일불수수여박　백년천지일수정
三日不須愁旅泊　百年天地一陲亭

장강남주해문심　환포양주작대금
長江南注海門深　環抱梁州作帶襟

지시상류조운지　현장포구족여림
知是上流漕運至　舷檣浦口簇如林

강변은 세찬 비바람에 대낮조차 어둡고 첨첨하다

해풍이 여기저기 배어 갯내음이 물씬 나지만

나그네 길 사흘 동안 잠자리 근심은 없겠구나

먼 변방의 땅에 백년 세월을 견디며 정자 한 채 서 있으니

긴 강은 남쪽으로 흘러 바다와 만나 큰 하구를 이루고

물길은 허리띠처럼 양산 고을을 감싸고 굽이쳐 흘러간다

조운선은 상류로 가야함을 알고 있으나

포구에는 배와 돛대가 모여 숲을 이루고 있네

삼차수의 모습을 읊은 한시도 한 편 소개한다. 신익황(申

益愰 1672~1722)의 시다. 그는 1692년(숙종 8년)에 향시에 합격했으나 과거를 단념하고 학문에만 전념하였다. 아래 한시에서 그 시대의 모습을 엿볼 수 있어 흥미롭다. 아낙네가 노를 젓는 모습, 어촌 포구의 주막, 칠점산과 삼차수, 낙동강 물길이 만든 남쪽 끝 마지막 섬인 취량의 존재 등을 알 수 있다.

칠 점 산
七點山

도 두 정 마 환 호 공
渡頭停馬喚蒿工

강 녀 조 주 불 외 풍
江女操舟不畏風

어 포 범 장 노 엽 외
漁浦帆檣蘆葉外

주 촌 이 락 행 화 중
酒村籬落杏花中

산 배 칠 점 성 형 열
山排七點星形列

수 작 삼 차 자 화 동
水作三叉字畫同

각 망 봉 래 지 불 원
卻望蓬萊知不遠

취 량 동 반 해 연 공
鷲梁東畔海連空

나루터에서 말을 멈추고 사공을 부르니

아낙네가 강바람 개의치 않고 배를 저어온다

어촌 포구 배의 돛대는 갈댓잎 밖에 있고

주막촌 울타리는 살구꽃비 속에 있다.

산은 일곱 점 별 모양으로 줄지어 서 있고
물길이 세 갈래로 나뉘어 글자 획과 닮았다
봉래가 멀지 않았으니 그리워하지 않으리
취량 동쪽 끝은 바다가 하늘과 맞닿았다

강은 옛날이나 지금이나 변함이 없다. 그저 묵묵히 흘러
간다. 1,300리를 흘러온 그 고단함에 공감할 수 있다면 물
결 위로 속삭이는 강의 이야기를 들을 수 있을 것이다. 구
포 강변에 서 보라. 누구든 시인이 될 것이다.

"낙동강은 남으로 흐르고 천고의 풍류인물들 삼차수 물
결과 함께 사라졌네."

구포국수 면발에는 향수(鄕愁)가 있다

'국수는 밀가루로 만들고 국시는 밀가리로 맹근다'는 말이 있다. 경상도 사투리로 하는 우스개지만 구포국수는 구포국시로 읽을 때 맛이 더해진다. 구포에서 국수를 제조하기 시작한 것은 일제강점기부터였다. 대한제국 시절 쌀을 모아서 도정하는 곡물 집하장과 정미 공장이 구포에 세워졌다. 일제강점기에는 그 자리에 밀을 모으는 집하장과 밀을 제분하고 제면하는 공장이 들어섰다. 당시 공장주는 대부분 일본인이었다. 그들은 국수를 대량생산하여 시중에도 팔았지만 군납을 주로 했다.

1930년대 말 일제는 전쟁 준비를 위해 주세령을 내리고 혼식을 장려하면서 밀을 주식으로 사용하도록 정책을 폈다. 주세령으로 막걸리 제조가 어렵게 되자 금정산성에 있던 누룩 기술자들이 생계를 위해 구포장으로 내려왔다. 그들이 누룩 만들던 기술로 직접 국수를 뽑아 장에 내다 팔자 주변 상인들도 하나둘 이들을 따라 국수를 제조하기 시작했다. 처음에는 가내 수공업 규모로 일본인 공장에서 중고로 내다 파는 기계를 구입해 사용했다. 해방 전후에는 한국인도 자본을 축적해 구포에 제분, 제면 공장을 세우게 되었다. 대표적인 곳이 남선곡산 주식회사, 영남제분 등이었다.

한국전쟁을 거치며 전국의 제분공장이 대부분 문을 닫거나 파괴되었을 때 구포의 제분 공장은 전장을 벗어나 있어 유지될 수 있었다. 그리하여 피난민들이 부산으로 밀려왔을 때 구포국수는 손쉽게 밥상에 올랐다. 저렴하고 간편하게 먹을 수 있으며 맛도 좋은 구포국수는 배고픔을 이길 수 있는 훌륭한 음식이었다. 전쟁이 끝난 후 구포국수는 전국적인 지명도를 가진 음식이 되었다. 피난민들이 고향으로 돌아간 후 구포국수의 맛을 계속 찾았기 때문이다.

1960~70년대 구호물자로 제공된 밀가루와 혼식 장려 정책은 더없는 기회였다. 전성기 때는 구포에 국수 공장이 30여 곳이었고 한집 건너 국수 가게였다고 한다. 그 당시 구포시장은 공장에서 국수를 구입해 열차를 타고 부산 전역으로 또는 가까운 경남지역의 농촌으로 팔러 가는 장사꾼들로 붐볐다. 국수의 주요 소비층이 이제는 피난민이 아니라 농사꾼이었다. 구포국수는 이들 농군의 새참으로 인기가 좋았다.

사람이나 음식이나 시절이 있기 마련이다. 1980년대에 들어서자 사정이 급변했다. 구호물자 지급이 중지되고 혼식 장려 정책도 사라졌다. 더욱이 면 제품이 다양해지면서 라면 같은 강력한 라이벌이 등장했다. 구포국수는 낙동강의 노을처럼 저물어갔다. 이제 구포에는 국수 공장 한 곳과 몇 군데 가게만이 명맥을 유지하고 있다.

구포국수는 타 지역 국수와 맛이 다르다. 특유의 간간하고 쫀득한 맛은 구포의 자연환경에서 비롯되었다. 소금기 머금은 강바람, 지하수가 풍부하여 수증기가 많이 생성되는 것, 풍부한 햇빛, 큰 일교차 등이 국수 건조 과정과 어우러진 결과였다. 더불어 누룩을 만들던 기술, 이북 피난민에게 전수 받은 면 뽑는 기술 등이 보태어졌다. 마치 종합예술과 비슷한 음식이다.

구포 국숫집을 찾다 보면 원조 간판을 단 음식점을 간혹 볼 수 있다. 하지만 원조집의 깊은 맛을 내는 가게는 없다. 구포국수는 역사적으로 아픔을 내장한 음식이다. 전쟁통의 절박한 상황, 농사일 같은 막노동의 고단함이 만들어낸 한 그릇 밥상이다. 구포국수의 생명력은 바로 여기에 있다. 절박함과 배고픔이 사라진 현 세대에게 구포

국수의 맛은 이야기로만 존재할 것이다. 구포국수의 맛은 국수 한 그릇에 만족과 행복을 느끼던 그 시절에 있을 것이다.

잃어버린 섬 - 소요저도와 유도

잃어버린 섬을 상상하기 위해서는 낙동강이 제방에 갇힌 지금의 모습이 아니라 자연의 강, 야생의 강이었던 시절로 돌아가야 한다. 그 시절 낙동강이 바다와 만난 곳은 다대포가 아닌 구포였다. 당시 강과 함께 살아가는 사람들에게 낙동강은 삶의 도전이었다. 거의 매년 범람하여 살림터를 휩쓸고 심지어 목숨을 빼앗아갔다. 발달한 하중도(삼각주)는 식량 생산을 위한 개척의 대상이었으나 수십 년마다 지형의 변화를 일으켰다. 모래섬 중에서 가장 큰 섬은 대저도였고 주변으로 크고 작은 모래섬들이 하구를 수놓았다.

대저와 구포 사이에 비교적 큰 모래섬이 있었다. 소요저도와 유도이다. 1603년(선조 36년) 당시 북구는 대부분 경상도 양산군 좌이면에 속하며 공창리, 동원리, 대천리, 와석리, 용당리, 수정리, 산양리, 사량리, 남창리, 소요리, 유도리 등이 있었다고 나온다. 여기서 소요리가 바로 소요저도로 '중요한 장소의 모래섬'이라는 뜻이다. 유도리는 유도이다. 섬 주위에 버드나무를 많이 심었기 때문에 유래된 이름이다. 두 섬은 많은 고지도에 등장하다가

1870년대 초부터는 하나의 섬으로 나타나기 시작한다.

소요저도는 일명 소요도, 솔섬, 소래섬이라고도 했다. 『신증동국여지승람』 양산군 편에 "소요저도는 대저도의 동쪽에 있으며, 밭 수백 여 두락이 있는데 땅이 몹시 기름 지다."라고 했다. 소요저도는 삼차수 물길을 사이에 두고 사상의 덕포리와 마주보고 있었다. 아마도 조선 중기 이 후 덕포리 주민들이 배를 타고 건너와 농사를 지었을 것 이다.

유도는 뒤에 유두(流頭, 柳頭, 柳斗)로 지명이 바뀌었다. 1600년대 초 사육신과 뜻을 함께했던 백촌 김문기의 후 손 김영필 집안이 섬을 개간해 정착했다. 『양산군읍지』 산천 편에 나오는 기록에는 "유도(소요저도)는 대저도 동쪽에 있으며 전답이 수백 경이 되고 토질이 극히 비옥 하나 홍수나 해일이 일면 물에 잠기는 곳이다. 섬 가운데 나무가 심어져 있으니 활인수라고 한다. 김준옥이라는 사람이 심은 것으로 해수가 넘쳐 들어오면 사람이 모두 이 나무에 의지해 생명을 구하였다."라고 한다.

1904년(고종 41년) 낙동강 하구 지역 지도에는 유두(柳 頭)로 표기된 큰 섬이 나온다. 위쪽 소요도와 가운데 유도, 아래쪽 국매섬(오복섬) 등 주변 섬을 이어 하나의 섬으로 표기한 것으로 보인다. 그러다 일제강점기인 1936년 낙동강 양안에 제방이 축조되면서 섬의 모습이 크게 바뀌었다. 약 2/3 이상이 강과 제방 쪽으로 편입되어 둔치 지역이 된 것이다. 지금의 삼락생태공원이다. 나머지는 제방 안으로 편입되어 육지가 되었다. 한때 모래톱 사이를 흐르는 삼차수 물줄기 가운데 하나였던 유두강도 도시 하천인 삼락천이 되었다. 근대화와 더불어 삼락천은 주변에 공장과 인가가 들어서면서 악취가 진동하는 오염된 하천이 되었다. 지금은 주변을 정화하고 수질 개선을 위해 노력한 결과 많이 나아졌지만 갈 길이 멀다. 인간은 둑을 쌓고 강물을 가두고 땅을 얻었다. 그러나 건강한 물과 수변에 깃든 수많은 생명체와 시(詩)를 잃었다.

성 안팎이 부쩍 부산해졌다. 말을 탄 척후병들이 성문을 번질나게 드나들었다. 며칠 전 들어온 소식에 의하면 대규모의 신라군이 가야진에 모였다는 것이다. 가야진이 어떤 곳인가! 80여 년 전 신라 눌지마립간이 금관가야를 공격하기 위해 만든 나루가 아닌가. 금관가야 구형왕은 마음이 심란해졌다.

"저들이 드디어 노골적으로 야심을 드러내는 구나."

신하가 기다렸다는 듯이 대답을 했다.

"예 전하, 신라 이사부가 다다라원에서 군사 시위를 벌이다가 가야 백성들을 잡아서 경주로 돌아간 지 얼마 되지 않았는데 이번에는 신라 왕이 직접 군사를 이끌고 가야 땅을 쳐들어온다고 합니다. 성안은 두려움이 열병처럼 번지고 있습니다."

구형왕은 철갑기마 장군을 불렀다. 이제는 궁성 안에서 편하게 전장의 소식을 듣기에는 상황이 녹록하지 않았다.

구형왕은 가야진이 보이는 낮은 구릉 위에서 군사들을

독려했다. 신라군 선두가 이미 나루를 건너 가야 땅에 들어오기 시작했다. 한때 군사적으로나 문화적으로나 진한과 변한 땅에서는 최강국을 자랑하던 금관가야였다. 그러나 서기 400년의 큰 전쟁 이후 국력이 급격히 쇠퇴하여 이제는 신라의 공격을 막아내기에도 힘이 벅찼다. 두 나라는 치열한 전투를 벌였다. 그러나 중과부적이었다. 시간은 가야에서 멀어져 갔다.

구형왕은 남아 있는 군사를 수습한 다음 함양으로 피신해 지리산 칠선계곡 부근의 국골에서 계속 저항했다. 싸움은 계속되었고 피아간에 사상자가 속출했으나 가야의 입장에서 보면 결코 승리할 수 없는 전쟁이었다. 구형왕은 선택의 순간에 다다랐음을 직감했다.

"짐은 이제 신라왕이 기다리는 이궁대로 가겠다. 사직을 지키는 것도 중요하지만 백성들을 전쟁의 소용돌이에서 구해 생명을 보전케 하는 것이 군왕의 도리라고 생각한다."

신하 한 명이 나섰다.

"전하, 망극합니다. 아직 우리에게는 적지만 정예군이 있습니다. 어찌 나라를 신라에 바칠 수 있겠습니까?"

장군도 한 발 나서서 왕에게 아뢰었다.

"아직 저희들은 싸울 힘이 남아 있사오니 양국의 말씀은 거두어 주십시오."

왕은 이 말을 듣고는 처연함을 느꼈다. "어찌 스스로 나라를 적에게 양국하는 왕이 되기를 원하겠는가? 이제 내 결심이 정해졌으니 그대들은 이 문제를 다시 거론하지 말라."

구형왕은 서기 532년(법흥왕 19년)에 왕비, 세 아들 그리고 신하들과 함께 진귀한 보물을 가지고 신라의 별궁인 이궁대까지 왕으로서 마지막 행차를 했다.

왕이 이궁대에서 신라 법흥왕에게 나라를 선양했다는 소문은 삽시간에 온 궁성과 고을로 퍼졌다. 백성들은 놀라고 당황해 어찌할 바를 몰랐다. 혼란에 빠진 분위기를 수습하기 위해 조정대신들이 모여 대책회의를 열었지만 의견만 분분하였다. 다수가 왕의 뜻을 따라 신라에 투항하기로 했다. 일부는 신라에 저항하면서 끝까지 싸워야 한다고 비분강개했다. 어떤 이들은 식솔을 데리고 다른 가야국으로 이주를 결심하기도 했다. 심지어 일본으로 망명하려는 이들도 있었다.

이를 보고 시랑이 말했다.

"나라가 이 지경에 이르니 저마다 살길을 찾거나 나라를 위해 할 수 있는 일을 하고자 할 것입니다. 저는 왕의 명령을 따라 신라에 투항하는 것이 마땅하나 오백 년 종사가 망하는데 어찌 충신 한들이 없을 수가 있겠습니까? 이번에는 감히 왕의 명령을 따르지 않겠습니다. 신라의 벼슬과 녹을 사양하겠습니다. 망국의 한을 가슴에 안고 절개를 지키면서 신하로서 마지막 충성을 다하고자 합니다."

잠시 말을 끊은 후 계속해서 말했다.

"비록 백이숙제만큼은 할 수 없을지 모르나 그들처럼 깊은 산골로 들어가 여생을 마치고자 합니다. 가야의 수도가 잘 보이는 산을 택하여 왕을 잘못 보필하여 나라를 지키지 못한 신하로서 스스로 근신하며 산을 나오지 않을 것입니다."

이에 몇몇 신하와 관리들이 뜻을 같이 하고자 했다.

"시랑 어른의 뜻이 그러하다면 어찌 우린들 따르지 않겠습니까?"

결심이 서자 시랑 일행은 궁성을 빠져나갔다. 소식을 듣고 찾아온 수많은 백성들이 땅에 엎드려 통곡하며 그들을 배웅했다. 일행은 천천히 걸어 서낙동강변에 도착했다. 아침 일찍 출발해 한나절이 지나서였다. 강변에는 갈대가 무성하고 수많은 새들이 한가로이 헤엄치고 있었다. 주변에는 조그만 동산이 있었는데 큰 굴참나무 몇 그루가 서 있었다. 강바람이 한 줄기 화살처럼 스치고 지나가자 나무들이 수수수 몸을 떨었다. 이곳은 금관가야 2대 왕인 거등왕이 나라의 기틀을 바로세우고자 멀리 섬에 사는 참시선인을 모셔와 국사를 의논하고 바둑을 두기도 했던 초현대였다.

시랑이 일행에게 말했다.

"여기서 잠시 쉬었다 갑시다. 이곳은 2대 선왕께서 참시선인과 국사를 의논한 신성한 장소입니다. 산 정상에서 하늘에 제사를 올리겠습니다."

일행은 초현대에 올라 조촐한 제단을 마련했다. 그들 앞에 놓인 험난한 여정을 무사히 마칠 수 있도록 선왕에게 제를 올렸다. 초현대 앞 나루에서 일행은 몇 명씩 나누어 배에 올랐다. 배는 강을 가로질러 동쪽으로 향했다. 너무나 넓어 바다같은 강이었다.

누군가 물었다.

"시랑 어른, 이제 저희들은 어디로 갑니까?"

시랑이 말했다.

"우리는 김해만을 가로질러 강 동쪽 기슭에 내릴 것입니다. 그곳에는 인적이 없고 험준한 산과 깊고 깊은 골짜기만 있습니다. 모두 각오를 단단히 하셔야 합니다."

그는 일찍이 눈여겨보아둔 강 동쪽에 있는 큰 산으로 올라갈 예정이었다. 김해를 내려다볼 수 있을 뿐만 아니라 왕궁을 둘러싸고 있는 분산을 볼 수 있는 곳이었다. 낙동강 서쪽 하늘에 붉은 노을이 온통 물들고 있었다. 뱃전에는 푸른 물결이 일렁였다. 망국의 시름을 아는 듯 모르는 듯 물결은 바람 따라 끊임없이 흔들렸다. 시랑은 선미에 서서 멀어져 가는 고국 땅을 바라보았다.

배는 해가 지고 나서야 동쪽 수변에 닿았다. 길이 낯설고 주위가 어두워 그들은 그곳에서 하루를 묵기로 결정했다. 다음 날 아침 날이 밝아오자 그들 앞에 두 개의 높은 산이 버티고 있었다. 그 사이로 두 샛강이 흘러 큰 강으로 들어가고 있었다. 강변은 온통 갈대로 덮였고 아침 물안개가 짙게 깔려 시야를 흐렸다. 참새 떼의 재잘거림이 시랑의 귀를 자극했다. 상쾌한 강변 아침이지만 시랑의 마음은 어둡기만 했다. 주변을 둘러보니 모두들 높은 산에 가로막혀 아직 어둠이 가시지 않은 강변을 바라보면서 생각에 잠긴 듯했다.

'다들 고향 땅 어느 곳을 헤매고 있겠구나. 이별한 사랑하는 사람들을 떠올리고 있을지도 모른다.'

시랑은 침묵을 깨뜨리는 것이 미안한 듯 조심스럽게 입을 열었다.

"우리는 남쪽에 있는 높은 봉우리를 향해 올라갈 것입니다. 김해가 잘 보이는 곳에 자리 잡고 화전을 일구고 농사를 지으며 고단한 삶을 살고자 합니다."

시랑은 무리를 이끌고 큰 산을 향해 강변을 따라 걸어갔다. 강변에는 꽃들이 무리지어 피어 있었다. 물속에 뿌리를 담그고 있는 버드나무 군락지도 지났다. 강변 위로 햇살이 앞 다투어 앉았다. 물결은 은빛 은어 떼가 몰려오는 듯 반짝였다. 갈대와 물억새가 강바람과 손을 잡고 춤을 추고 있었다.

시랑 일행은 동쪽의 샛강을 거슬러 산으로 올라갔다. 산기슭에 이르자 경사가 심해지고 숲 어디선가 물소리가 요란하더니 곧이어 큰 폭포가 눈앞에 나타났다. 그는 부근에 자리를 잡았다. 인적이 닿은 적 없는 산속에는 교목과 관목이 가득했고 풀들이 거칠었다. 가끔 불어오는 바람이 나무에 스치는 소리와 산새들의 재잘거림이 폭포소리와 화음을 이루고 있었다. 폭포 위에서 바라보니 김해만과 떠나온 왕궁을 둘러싸고 있는 산들이 저 멀리 조그맣게 보였다.

시랑이 사람들을 향해 말했다.

"여러분, 이곳이 우리들이 남은 생을 보낼 곳입니다. 산이 깊고 나무가 울창합니다. 주위는 온통 들짐승, 날짐승들뿐입니다. 여기서 우리는 터전을 잡고 화전을 일구어야 합니다. 그 고통이 너무나 클 것입니다."

어떤 이는 지쳐서 땅위에 누워버렸고 어떤 이는 이마에 흐르는 땀을 닦으면서 주위를 훑어보았다. 얼마쯤 시간이 흘렀을까? 모두들 말없이 이고 지고 왔던 짐을 풀어놓고 부지런히 움직이기 시작했다. 거쳐를 만들어야 했다. 폭포 옆 커다란 바위 위에 제단을 만들고 그 위 꽤 넓은 빈터에는 정자를 세웠다. 주위에 큰 동백나무가 무리지어 자라고 있었다. 잎들이 햇살을 받아 낙동강 물결처럼 반짝였다. 나무 위로 새들이 깃을 치며 날아올랐다. 꽃이 피는 시기가 지났음에도 몇 송이 붉은 동백꽃이 매달려 있었다.

시랑은 스스로를 위로하듯 마음속으로 중얼거렸다.

'동백꽃은 세 번 핀다고 했지. 처음에는 나무에서 피고 두 번째는 꽃이 떨어져 땅 위에 피고 세 번째는 마음속에서 그리움으로 핀다고. 내년 봄이 되면 절개를 지키고자 떠도는 가야인들이 이곳을 찾아올 것이다. 그들도 나처럼 떠나온 가야에 대한 그리움을 마음속에 가득 안고 찾아오겠지. 그때쯤이면 이 정자 주위는 온통 동백꽃으로 붉게 물들 것이다.'

세월은 무심하게 흘러 시랑과 가야인들의 충절은 사람들의 기억 너머 사라지고 말았다. 그러나 시랑골이라는 이름과 그들이 다같이 재를 올린 모분재 바위, 고단한 삶을 이야기하며 서로를 격려했던 송우정이라는 정자는 전설이 되어 우리 곁에 남아 있다. 마치 운수사 종소리처럼 긴 울림으로 남아 있다.

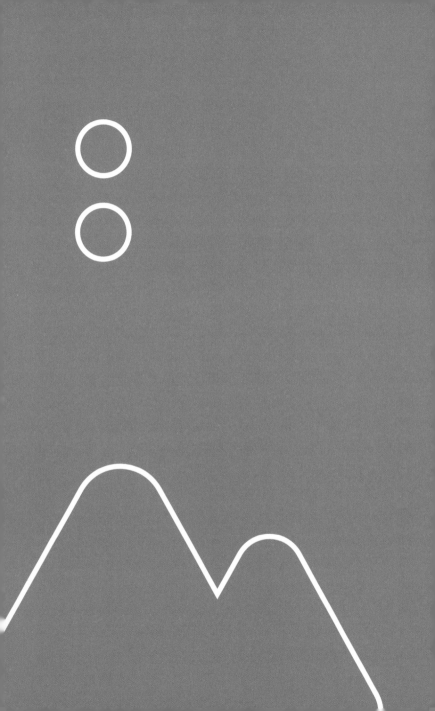

4. 의성산에는
길항의 역사가 있다
- 덕천

상학산과 주지봉이 서로 마주보는 공간은 크고 넉넉하다. 이곳에 덕천이라는 샛강이 흐른다. 덕천이라는 지명은 '큰 내' 즉 '큰 샛강'이라는 뜻이다. 샛강은 만덕고개와 주변 산골에서 흘러내리는 계곡물을 받아 서쪽의 낙동강을 향해 흐른다. 물길의 길이는 약 6.8km다. 옛날에는 만덕계수, 만덕천 또는 기찰강이라고 불렀다. 그러다 일제 강점 초기 행정구역을 정리하면서 덕천으로 바뀌었다. 주변에 마을이 들어서고 규모가 커지자 그대로 마을 이름이 되었다. 대신 덕천 샛강은 덕천천으로 불리면서 차별을 두었다.

샛강은 수량이 풍부해서 고려시대에는 만덕동 하리까지 배가 들어왔다고 한다. 현재 남산정 지하철역 부근의 남산정 교차로에 나루터가 있었고 만덕고개로 넘어가는 사람들이 쉬던 주막이 있었다고 한다. 아마도 샛강은 낙동 강변과 만덕고개를 이어주는 중요한 수로였을 것이다. 조선시대에는 하류에 위치한 구법곡에 기찰이 설치되기도 했다. 이처럼 수량이 풍부하고 깨끗하던 덕천천은 현재 아쉽게도 도시하천으로 바뀌어 오염된 소량의 물만 흐른다. 주변에 아파트가 들어서고 도로가 건설되면서 하천 절반인 약 3km 이상이 복개되어 물길이 지하로 흐른다. 따라서 주거지역에서는 덕천천의 흐름을 볼 기회가 거의 없다.

덕천천은 낙동강으로 유입되기 직전 의성산과 만난다. 의성산은 고도가 낮은 두 개의 봉우리로 되어 있다. 작은 봉우리에는 북구문화예술회관(북구문화빙상센터)가 자리 잡고 있다. 2001년 착공했으나 유적이 발견되면서 문화재 발굴 조사 끝에 2005년 개장했다. 조사 당시 삼한, 고려, 조선시대에 걸친 분묘들에서 많은 유물들이 출토된 것으로 미루어 오랜 옛날부터 이곳에 사람들이 거주했다는 것을 추정할 수 있다.

큰 봉우리 정상에는 의성이라고 불리는 신라성이 있었다. 아마도 신라 자비왕 때 축성된 것으로 추측하고 있다. 이 성은 황룡장군과 5백여 명의 군사들이 왜구에 맞서 목숨 바쳐 싸웠던 전설을 간직하고 있다. 의성산이라는 이름도 의성에서 유래한다. 우리 선조들이 왜적과 싸워 나라를 지키고자 했던 자랑스러운 길항의 역사를 간직하고 있는 곳이 의성산이다. 그러나 천여 년의 세월이 흐른 1592년 임진왜란 때 왜군은 의성산을 점령하고 의성이 있었던 장소에 왜성을 쌓았다. 왜성의 잔재가 지금도 산 정상에 남아 있다. 의성산 정상에 오르면 의성의 굴곡진 역사의 그림자를 볼 수 있다.

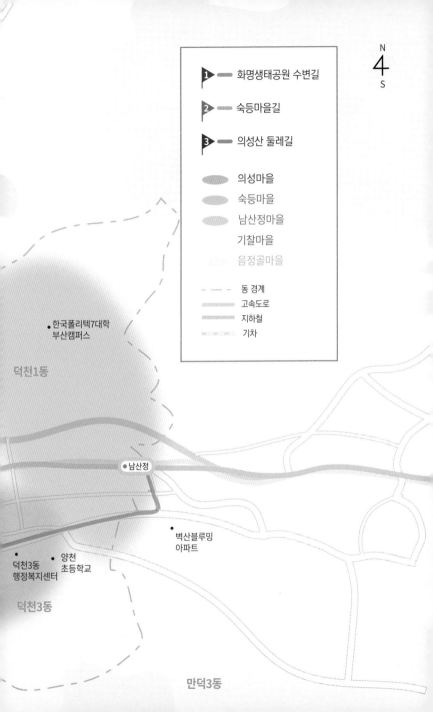

N
4
S

1 ━ 화명생태공원 수변길

2 ━ 숙등마을길

3 ━ 의성산 둘레길

⬭ 의성마을

⬭ 숙등마을

⬭ 남산정마을

⬭ 기찰마을

⬭ 음정골마을

---- 동 경계

▨ 고속도로

▨ 지하철

▨ 기차

• 한국폴리텍7대학
  부산캠퍼스

덕천1동

● 남산정

• 벽산블루밍
  아파트

• 덕천3동   • 양천
  행정복지센터   초등학교

덕천3동

만덕3동

① 화명생태공원 수변길

화명생태공원의 최남단에 서면 낙동강 하구의 넉넉한 공간이 눈앞에 펼쳐진다. 하구의 하늘은 유난히 깊고 하구의 강물은 마치 이야기를 들려주듯 느릿느릿 일렁이며 흘러간다. 이곳에 서면 분주하고 바쁘게 움직이던 마음에 한 줄 빈틈이 생기고 마음마당을 가득 채웠던 짐이 하나씩 비워진다. 넓고 깊음이 만든 이 공간에서는 누구나 한낱 점으로 보이는 자신을 발견하게 될 것이다.

화명생태공원은 화명구민운동장을 중심으로 크게 북쪽과 남쪽 두 구역으로 나눌 수 있다. 북쪽 구역은 앞서 메타세쿼이아길(1-②번 참조)로 소개했다. 남쪽 구역을 즐길 수 있는 길이 화명생태공원 수변길이다. 출입구는 여러 곳이 있는데 학사초등학교 건너편에 있는 연결보도 Fantasy를 이용하면 볼거리가 많다. 연결보도를 지나 강변으로 나오면 둑을 따라 2차선 포장도로가 나온다. 강변 도로인데 제법 차들이 다니기 때문에 조심해서 건너야 한다. 도로를 건너면 모래와 마사토가 섞인 산책길이 강을 향하고 있다. 길 바로 옆으로 화잠천이 흘러간다. 화산에서 흘러내리는 계곡천이었는데 아파트 단지를 지나면서 복개되었다가 이곳에서 물길의 모습을 드러낸다. 연

걸보도 옆에 배수구가 보인다. 주거지 위쪽에서는 맑지만 아파트 단지를 거치면서 오염되어 날씨가 흐리면 악취까지 나 강변길의 첫인상을 무척 흐린다. 곧이어 MTB 연습장이 보이고 길은 두 갈래로 나뉜다.

왼쪽으로 접어들면 강물을 볼 수 없다. 이 길은 생태공원 중앙광장으로 이어진다. 큰 원형 무대가 설치되어 있고 주위에 화초를 심어 꾸몄다. 저녁에는 무대에서 달빛운동교실이 열린다. 주민들을 위해 전문 강사가 에어로빅 같은 체조를 가르치는데 꽤 인기가 있다. 주변에 인라인스케이트장, 유소년야구장, 농구장 등도 있다. 중간중간 주차장이 있어 많은 차가 들락거리기 때문에 산책길로는 썩 권유하고 싶지 않다.

생태공원을 멋지게 경험하기 위해서는 갈림길에서 강변으로 벋어가는 길을 택해야 한다. 조금만 걸어가면 제법 큰 산책길이 자전거 전용 도로과 함께 강변을 따라 펼쳐진다. 생태공원을 산책할 때 가장 선호하는 코스답게 많은 사람들이 걷고 있다. 일부는 맨발로 걷는데 마사토를 깔아 놓아 신발을 신는 편이 나을 듯하다. 그러나 엄밀히 말해 이 길은 수변길이 아니다. 산책로를 넘어 강변으로 더 바짝 들어가면 지척에 강이 있는 길로 접어들 수 있다. 강물과 함께 걸으며 때로는 손을 담그고 강물이 강가에 부딪치는 소리도 듣는, 오감으로 감각할 수 있는 길이다. 강이 흐르는 대로 따라가기에 결코 직진일 수 없는 길이다.

5월 무렵이면 수변길 초입은 부근의 찔레꽃 서식지 덕분에 진한 향기로 가득하다. 대동화명대교의 높은 교각 밑에서는 사시사철 강바람을 느끼며 쉴 수 있다. 강 건너 대저 수문이 손에 잡힐 듯 보인다. 낙동강은 수많은 합강을 거쳐 큰 강이 되었다가 수문에서 본류와 지류가 갈라진다. 이곳은 낙동강 하구의 시작점이다. 본류는 동낙동강이고 지류는 서낙동강으로 김해평야의 입구가 된다. 수문이 없던 시절에 강은 넓은 호수와 같았다. 둑과 수문 너머 서낙동강을 감추고도 수변길 앞에 넘실거리고 있는 큰 물줄기를 보노라면 1,300리 영남 땅을 흘러내려온 낙동강의 위용을 느끼기에 충분하다.

대저 수문이 보이는 곳에서 강변길 분위기도 바뀐다. 주위가 온통 갈대와 억새로 가득하다. 하얀 갈대와 물억새 꽃이 눈처럼 흔들리는 길, 키 큰 갈대와 물억새 잎 사이로 푸른 강물이 넘실거리는 길, 해가 서쪽 하늘에 걸리고 노을이 붉게 물들 때면 한 폭의 그림이 되는 길이다. 고려 말의 충신 정몽주가 낙동강 하구를 지나다 지은 시 한 구절이 떠오른다. '칠점산 앞에는 붉은 노을이 옅게 물들고, 삼차수 나루 어귀에는 푸른 물결 일렁인다.' 비록 옛 지명은 사라지고 개발로 인해 모습도 변했지만 강이 주는 감흥은 여전하다.

갈대가 끝나는 곳에 이르면 이곳에서만 볼 수 있는 멋진 광경이 펼쳐진다. 수생식물원 습지에 연꽃, 가시연꽃, 물옥잠, 노랑어리연꽃, 마름 등 많은 수생식물이 자태를 뽐낸다. 습지 위를 가로질러 나무데크가 설치되어 있어 식물을 가까이에서 관찰할 수 있다. 이곳 습지의 자랑거리는 단연 가시연꽃이다. 세계적으로 1속 1종만 있으며 한국의 멸종 위기 2급 야생생물로 지정되어 있다. 잎은 약 2m까지 자랄 정도로 넓고 표면은 비늘 같은 질감을 갖고 있다. 꽃은 7~8월에 피며 화려한 자색이다.

데크가 끝나면 곧이어 남쪽의 연꽃단지까지 강변을 따라가는 오솔길이 나온다. 왕버들, 수양버들이 강바람을 타고 환영의 손짓을 한다. 눈앞에는 햇살이 앞 다투어 갈대와 야생화 위로 앉는다. 눈부시게 반짝이는 물결은 수만 마리 은어처럼 수면을 수놓는다. 갈대와 물억새, 낙동강 물결 그리고 박주가리, 소리쟁이, 하늘수박 등 야생 식물은 걷는 이의 몸과 마음을 즐거움으로 가득 채운다. 부근에는 요트 계류장, 화명수상레포츠타운, 화명생태탐방선 선착장 등이 있어 가끔씩 요트, 수상스키, 탐방선이 강물을 가르며 지나가는 것을 볼 수 있다.

구포낙동강교 아래를 통과하면 탁 트인 공간과 넓은 습지가 나타난다. 이곳은 불과 몇 년 전만 해도 연꽃 군락지였다. 여름이면 화려한 연꽃과 넓은 연잎이 바람에 흔들리고 겨울이면 앙상한 줄기만 차가운 물 위에 서 있는 모습은 보는 이의 감성을 깊게 만들었다. 그러나 지금은 연꽃을 찾아보기 힘들다. 갈대, 억새, 띠와 부들 같은 정수 식물이 습지 주변을 채우고 있다. 지금도 이곳을 연꽃단지로 기억하고 부르는 많은 이들은 왜 그 많던 연꽃을 모두 제거했는지 궁금해 한다. 아쉬움이 남는 곳이다.

연꽃단지 건너 동원로얄듀크비스타 아파트가 눈에 들어온다. 이 아파트 앞은 조선시대에 감동포구가 있던 곳이다. 지금은 금빛노을브릿지가 철길과 강변대로, 샛강 위를 가로지르며 잇고 있다. 부산 최장 보행 전용교로 길이 382m, 너비 3m인 이 다리를 통과하면 화명생태공원에서 구포시장 입구까지 곧장 갈 수 있다. 다리 위에서는 구포와 덕천동, 낙동강 경치를 한눈에 즐길 수 있다. 북구의 명소로 많은 이들이 즐겨 찾는 이곳은 이름처럼 노을이 아름답다. 다리 뒤편으로는 금정산 고당봉이 북쪽 하늘 끝에 우뚝 솟아 있다. 고당봉은 부산 시내에서는 쉽게 볼 수 없다. 앞으로는 1,300리를 흘러온 강의 풍부한 물길이 출렁이며 느릿느릿 흘러간다. 화명생태공원 수변길은 자연과 역사가 어우러진 보석 같은 길이다.

② 숙등마을길

저녁 노을은 아름답다. 눈부신 태양이 하루의 일과를 마치는 마법의 시간이다. 태고 이래로 한결같은 태양의 퍼포먼스다. 그러나 보는 이에 따라 한결같음은 다양하게 다가온다. 숙등 마을길에서 바라보는 노을은 순천만이나 서해의 장엄한 노을 과는 거리가 멀다. 그러나 태양이 산기슭의 마을을 넘어가면 서 산복도로 위로 고요하게 내려앉는 노을은 잔잔한 울림이 있다. 붉은색이 만드는 여운이 마음을 편안하게 한다.

덕천로는 덕천동에서 만덕동까지 뻗은 왕복 4차선 도로 이다. 그 일부 구간이 옛 숙등마을길이다. 음정골마을, 숙 등마을, 남산정마을 등 지금까지도 남아 있는 지명은 당 시 덕천 샛강을 따라 옹기종기 들어섰던 자연마을의 이름 이다. 숙등마을길은 이곳 주민들이 이용한 중요한 고샅길 로 마을과 마을을 잇는 통로이자 만덕동 하리를 거쳐 만 덕고개로 가는 출발지였다. 옛날 구포장과 동래장을 오가 던 수많은 장꾼과 보부상의 애환이 이 길에 서려 있다. 산 너머 동래 장날이 되면 아침 일찍 등짐을 지고 나서야 했 고 구포장이 파하면 동래로 가기 위해 서둘러 지나야 했 던 길이다. 그들은 험한 만덕고개를 무사히 넘기를 염원 하며 길을 따라 무거운 발걸음을 옮겼을 것이다.

시대가 바뀌면서 마을길도 변화를 거듭했다. 우선 1930년대 구포 면장이었던 장익원이 만덕동까지 신작로를 내면서 제법 넓어졌다. 1973년에는 만덕터널을 지나는 남해고속도로가 개통되면서 마을길 아래 남해고속도로 진입로가 생기고 구포와 만덕을 잇는 만덕대로가 만들어졌다. 1997년에는 도로 밑으로 지하철 3호선이 가설됐다. 이어지는 개발로 마을의 중심이었던 길은 산복도로이자 이면도로가 되었다. 지금 소개하는 숙등마을길은 사라진 옛 마을길의 흔적을 찾아보는 공간이기도 하다.

숙등마을길에서 먼저 등장하는 곳은 음정골이다. 주지봉의 산세가 벋어 내려오다 작은 봉우리를 만드는데 봉우리 북쪽을 음정골이라고 했다. 산자락을 타고 많은 집들이 다닥다닥 붙어 있다. 그 아래 덕천로가 있다. 마을 사람들은 이 길을 따라 시내 특히 구포시장을 오갔다. 음정골 보광사 부근은 소나무가 많아 낙동강에서 불어오는 바람이 솔바람 되어 부는 곳이었다. 해방 전후 땔감으로 산의 나무들을 베어버리는 바람에 주변이 온통 민둥산이 되었을 때도 절 뒤편은 소나무가 숲을 이룬 유일한 지역이었다. 숙등이라는 마을 이름도 강변에서 맑은 바람이 불어오는 언덕이라는 뜻에서 유래했다고 한다.

덕천로 입구에 덕천초등학교가 보인다. 완만한 오르막이던 길은 초등학교를 지나면서 내리막으로 변한다. 희미하지만 낮은 고개의 흔적이다. 고개 이름은 세치고개였다. 짧다는 의미다. 덕천로를 걷다 보면 낮은 아파트, 연립주택, 빌라, 작은 맨션, 단독 주택이 길 양편을 메우고 있는 것을 볼 수 있다. 가파른 산비탈을 타고 오래된 주택이 모여 있고 사이사이 골목길이 산자락과 나란하게 이어진다. 반면 지하철 3호선이 지나가는 간선도로에서 덕천로로 올라오는 골목길은 하나같이 힘겨운 급경사를 이루고 있다. 길이 인생이고 한 걸음 한 걸음이 하루의 삶이라면 이길은 녹록지 않은 우리 삶을 나타내는 듯하다.

음정골을 지나면 숙등마을이다. 숙등지하철역 1번 출구에서 산비탈을 타고 조금 올라가는 곳에 숙등공원과 숙등빨래방이 있다. 2021년 도시재생 뉴딜사업으로 생긴 공유빨래방으로 주민들이 운영한다. 그러나 지금은 도시재생사업을 반납한 관계로 옛날처럼 활기는 없는 듯하다. 공원 부근에는 덕내골 풍물타령비가 서 있다. 마을에서 전해오는 풍속을 보전하기 위해 세워 놓았다. 한편 공원에서 숙등마을길을 향해 계속 올라가다 보면 덕천주공아파트 맞은편에 부산의용촌이 있다. 의용촌은 전포2동에 있었던 한국전쟁 의용군인 집단마을 거주민들이 1978년 이 곳으로 이주하면서 생겨났다. 1996년에는 63세대가 거주 했으나 현재는 55가구 정도 남아 있다고 한다. 복지 공장 인 GNT부산의용촌은 외장이 알루미늄으로 된 4층짜리 큰 건물이다. 군경 피복을 전문적으로 제조하는 기업으로 알려져 있다.

조금 더 가면 길 맞은편에 덕천3동 행정복지센터가 보인 다. 건물 옆에는 뒷산으로 올라가는 등산로가 있다. 계단 을 따라 산으로 올라가면 멋진 둘레길을 만날 수 있다. 덕 천로는 대부분 은행나무 가로수지만 이 부근에서는 잠시 느티나무로 바뀐다. 수관이 제법 풍부해 길 양쪽을 가득 채우고 있어 마음도 덩달아 느긋해지는 듯하다. 편하던 길은 갑자기 급한 오르막으로 바뀌고 가장 높은 지점에 육교가 있다. 육교를 지나면 길은 제법 긴 내리막이다. 경 사도 꽤 있다. 이곳은 꼬내이 고개다. 꼬내이는 고양이의 경상도 사투리다. 작은 고개라는 의미다.

숙등마을길에서 놓쳐선 안 될 풍경이 육교 위에 있다. 부 디 육교에 올라 서쪽으로 펼쳐지는 길과 북쪽에 우뚝 서 있는 상학산 상계봉 정상의 암봉을 구경하기 바란다. 이곳까지의 길이 완전히 다르게 보일 것이다. 특히 종일 세상을 비춰주던 태양이 뉘엿뉘엿 서산 너머로 사라질 때 육교 위에서 노을을 바라보면 이 길이 주는 또 다른 감성을 느낄 수 있다. 많은 건물에 가려 태양은 보이지 않지만 노을이 서쪽 하늘을 배경으로 수채화를 그리듯 옅은 붉은색에서 짙은 색으로 점점 번져간다. 발밑은 4차선 도로를 지나가는 차들로 번잡스럽지만 육교 위에서 바라보는 노을은 번잡함을 잊게 만들고 고단한 삶조차 잠시 잊게 만든다. 이 노을은 오늘을 살아가는 자들을 위한 장엄한 위로의 에필로그다.

육교를 지나 계속 내리막을 걸어가면 함박봉로로 빠지는 교차로가 있다. 함박봉로는 만덕초읍(아시아드)터널과 연결된다. 덕천로를 계속 가면 경동, 은마 등 오래되고 낮은 연립주택이 도로를 따라 서 있다. 곧이어 맞은편에 벽산아파트 정문이 보이고 '덕천로 1←179'라는 도로 표지판을 볼 수 있다. 덕천로 시작 지점에서 약 1,790m임을 의미한다. 이곳에서 왼쪽으로 급경사의 비탈을 따라 내려가면 남산정지하철역이 나온다.

숙등마을길에는 옛 마을들의 지형과 지명부터 만덕고개

를 넘어가는 장꾼들의 애환, 해방 후 쫓기듯 만덕고개를 넘어온 사람들, 한국전쟁 의용촌까지 다양한 삶의 이야기들이 화석처럼 남아 있다. 한 사람 한 사람의 이야기가 모여 마을의 역사와 문화를 형성한다. 또 서로의 이야기를 나누고 공유하면서 저마다 다른 사람들은 함께 존재하고 연결된다. 이는 현재의 삶을 풍요롭게 만든다. 기억을 풀어내고 삶을 이야기하는 공간, 마을의 역사를 간직한 공간이 많아졌으면 한다.

③ 의성산 둘레길

다리는 단절된 곳을 이어준다. 북이교는 남해고속도로로 끊어진 의성산 두 봉우리를 잇는 다리이다. 북이교 아래로는 남해고속도로의 출발지이자 종착지인 구포낙동강교가 있다. 수많은 차량들이 구포낙동강교가 잇는 낙동강의 동쪽과 서쪽을 자유롭게 오간다. 북이교 건너 길이 끝나는 곳에 의성대가 있다. 의성대에는 의성과 왜성의 역사가 교차한다. 왜성은 우리의 어두운 역사지만 의성은 잊혀진 마을 역사다. 이제는 달빛에 물들어 전설이 된 이야기다.

의성산은 북구의 중심부에 자리 잡고 있다. 산 남쪽은 구포를 비롯한 구시가지가, 북쪽은 화명동을 비롯한 신시가지가 위치한다. 산은 두 개의 봉우리로 되어 있다. 남쪽 낮은 봉우리는 의성 작은 산(36.5m)이고 북쪽 높은 봉우리는 의성 큰 산(75.7m)이다. 의성산 남쪽으로는 덕천 샛강이 흐르고 서쪽으로는 낙동강 하구가 펼쳐진다. 배산임수 지형으로 최적의 주거 조건을 갖추고 있어 선사시대부터 사람들이 살기 시작했다. 신라와 가야의 접경지대이기도 했고 왜구의 주 침략 통로이기도 했다. 지금도 의성산 주변은 동서로 낙동강과 내륙을 잇고 남북으로 부산항과 내륙을 연결하는 교통의 요지다.

의성 큰 산 정상을 주민들은 의성대라고 부른다. 현재 이곳에는 왜성의 잔해가 있다. 성벽은 허물어지고 천수각이 있던 꼭대기 부분은 풀이 무성하다. 의성 작은 산 정상에는 북구문화예술회관이 있다. 공연장, 북구역사문화홍보관 외에 국제 규격의 실내 빙상장을 갖춘 복합 문화 공간이다. 건물 터를 닦을 때 삼한, 고려, 조선시대의 고분군이 발견되면서 많은 유물들이 출토되기도 했다. 의성산 두 봉우리는 북구의 역사와 문화를 간직한 곳이다.

의성대로 가는 길은 여럿 있지만 북구문화예술회관에서 출발하면 편하다. 건물 앞에서 북쪽으로 보이는 봉우리를 향해 조금만 가면 북이교가 있다. 1973년 남해고속도로를 건설하면서 의성산 두 봉우리 사이가 끊어졌는데 북이교는 둘을 다시 연결하기 위해 세운 육교이다. 능선은 그대로 두고 생태터널 형태로 도로를 뚫었다면 인간과 동물에게도 한결 나았을 텐데 아쉽다. 부근에는 행군수 심후능섭수덕불망비와 구포동화재의연기념비가 놓여 있다. 동원로얄듀크비스타아파트 부지(옛 박석골)에서 발견된 비석이다. 아파트를 지을 때 인부들이 버린 것을 북구문화원에서 수거해 문화예술플랫폼 앞마당에 세워 놓았다. 그 후 문화플랫폼을 리모델링하면서 비석을 다

시 이곳으로 옮겼다. 북이교를 건너 조금 올라가면 의성
대에 다다른다.

의성대는 북구의 3대(臺) 중의 하나다. 의성대
에는 왜성의 잔해와 함께 사라져버린 의성의
전설이 깃들어 있다. 의성은 '의로운 성'이란
뜻이다. 전해오는 이야기로는 신라 자비왕 때
왜인들이 대규모로 삽량성(지금의 양산)을 공
격하기 위해 바다를 건너왔다. 그러자면 먼저
삽량성 입구인 낙동강 하구를 공략해야 했다.
낙동강변(지금의 구포) 낮은 산 위에 신라성
이 있었는데 성주는 황룡장군으로 군사 5백여
명과 함께 성을 지키고 있었다고 전한다. 치열
한 전투가 벌어졌으나 수적으로 열세였던 신
라군은 전멸하고 성은 함락되었다. 그러나 왜
군도 그 과정에서 큰 타격을 입어 결국 진격을
포기하고 되돌아갔다고 한다. 낙동강 유역의
주민들은 전쟁의 공포와 피해로부터 벗어날
수 있었다. 그리고 나라를 위해 의로운 죽음을
택한 황룡장군과 군사들의 넋을 추모하는 뜻
으로 이 성을 의성이라고 불렀다. 의성이 있던

산은 의성산이 되었다.

그 후 기억에서 사라졌던 의성은 천 년이 지나 다시 역사에 등장한다. 왜장 소서행장이 군사 1만 8천 명과 군함 7백여 척을 이끌고 1592년에 부산진을 공격했다. 임진왜란(1592-1598)의 시작이었다. 의성이 있던 자리는 왜군의 점령지가 되었다. 왜장 고바야카와 다카카게가 이듬해인 1593년 의성이 있던 자리에 성을 쌓았다. 마을 이야기에 따르면 왜군들이 성을 쌓을 때 남아 있던 의성의 돌을 이용했다고 한다. 천 년 이상을 버텨 왔던 신라성은 적의 손에 허물어지고 오히려 적을 보호하는 성으로 바뀌는 아픔을 겪게 되었다. 의성 큰 산은 왜성의 본성이 되고 작은 산은 외성이 되어 왜란이 끝날 때까지 조선 수탈의 거점으로 기능했다. 그들은 왜성을 감동포성 또는 구법곡의 진이라고 불렀다.

의성산은 아픔과 자랑스러움을 동시에 간직한 역사의 장이다. 먼 옛날 의성의 일부였던 돌은 오늘도 낙동강 바람을 맞으며 왜성의 성곽을 이루고 있다. 의성산은 긴 세월 속에서 변화하는 인간 역사를 실감할 수 있는 곳이다. 같은 자리에 서 있는 성벽은 말이 없지만 이를 보고 있는 자의 마음은 무심할 수 없다. 천고(千古)의 의성산을 석양에 올라보니 청산은 말이 없고 삼차는 꿈이런가. 인걸은 간데없고 전설로 남았구나. 의성산에 올라 굽이치는 장강을 내려다보면 새삼 세월의 무상함과 선조의 치열한 삶을 읊조리게 되는 것이 자연스러운 일 아니겠는가?

하산할 때 북구문화예술회관 동쪽인 만덕대로27번길을 따라 내려오면 의성산이 간직한 또 다른 역사를 느낄 수 있다. 길 끝은 만덕계수 또는 기찰강이라고 불렀던 샛강과 만나는 곳이다. 지금의 덕천천이다. 옛날에는 낙동강과 합수하여 수량이 풍부했을 것이나 현재는 도시하천이 되었고 복개되어 보이지 않는다. 서쪽으로 벋어 있는 샛길을 따라가면 급경사를 이룬 꽤 높은 언덕을 볼 수 있다. 이 계곡을 옛날에는 구법곡이라 했다. 낙동강 수로를 이용해 동쪽 내륙으로 가는 길목이었다. 구법곡 아래에는 구법진이라는 나루가 있었다. 현재 덕성초등학교가 있는 자리다. 구법(九法 또는 仇法)의 한자 표기로 보아 법을 집행하던 곳으로 풀이할 수 있다. 구법진에 설치되었던 기찰은 오늘날 해경과 같은 역할을 했다. 기찰포교가 이곳에 상주하면서 기찰강(현재 덕천천)을 따라 왜와 밀무역을 하던 잠상들을 단속하거나 만덕고개를 왕래하던 행인들을 검문했다. 덕성초등학교와 덕천중학교 주위에는 기찰마을이 형성되어 있었다. 구법곡 기찰은 1715년(숙종 41년)에 중창했다는 기록으로 미루어 18세기 이전에 설치되었을 것으로 추측된다. 현재 구법곡은 계곡의 모습이 희미하게 남아 있지만 구법진, 기찰, 기찰마을은 흔적을 찾을 길이 없다. 다만 고문헌이나 고지도에 기록으로 남아 있다. 또한 이곳을 지나는 도로에 붙여진 '기찰로'라는 도로명으로 남아 있다.

의성산은 북구의 역사가 오래되었고 거주민의 생활 수준도 상당히 높았다는 것을 보여준다. 왜와 대항해서 싸운 항쟁의 역사도 있다. 빙상대회가 열리면 의성산은 선수들과 참관인들로 북적인다. 또 전시회나 연극 공연 등 문화 행사가 열릴 때는 주민들과 외지인들로 축제 분위기가 된다. 의성산은 역사를 고스란히 간직한 곳이자 지역

문화와 체육 활동의 중심지이다.

° 그날의 의기는 전설이 되다

황룡장군은 틈만 나면 장대에 올라 낙동강 하구를 살폈다. 넓은 강물이 바다와 만나면서 수평선은 마치 허공에 걸려 있는 듯했다. 북쪽으로 시선을 돌리면 넓은 강물이 출렁이며 안기듯이 흘러왔다. 멀리 황산이 보였다. 삽량성은 황산 아래 자리 잡고 있었다. 고함치면 들릴 것처럼 가깝게 느껴졌다. 이 텅 빈 공간 속으로 솔개 한 마리가 긴 곡선을 그리며 하강했다. 솔개를 본 작은 새들이 깃을 치며 하늘로 솟아올랐다. 새들이 떠난 나무의 우듬지가 크게 흔들렸다. '먹잇감이라도 발견한 걸까?' 흔들리는 나뭇가지를 보면서 장군은 중얼거렸다.

갑자기 정적을 깨는 고함소리와 북소리가 들려왔다.

"적이다! 왜적이다!"

황룡장군은 재빨리 몸을 돌려 장대의 남쪽으로 달려갔다. 먼 바다에서 수많은 점들이 빠르게 다가왔다. 점들은 순식간에 배의 모습으로 변하면서 낙동강 하구를 뒤덮었다.

'드디어 올 것이 왔구나.'

삽량성에서 이곳으로 온 후 항상 이 날을 예상하고 있었다. 장군은 좌부장과 우부장을 불렀다.

"그대들은 자기 위치로 가서 군사들의 동요를 막고 싸울 준비를 갖추어라. 비록 적군의 숫자가 많으나 우리 군사들은 많은 전투로 단련되어 있으니 능히 일당백의 능력을 발휘할 수 있을 것이다."

부장들이 대답했다.

"예, 장군님, 저희도 각오가 되어 있습니다. 백성들을 이미 피난시켰기 때문에 저희들은 죽을 각오로 싸울 것입니다."

장군이 말했다.

"고맙네, 적의 숫자는 많으나 먼 바다를 건너왔기 때문에 아마 몹시 지쳐 있을 것이야."

햇빛을 받아 번쩍이는 왜군의 창칼이 공포를 느낄 새도 없이 성벽 밑으로 빠르게 가까워졌다. 장군이 소리쳤다.

"내가 신호를 보낼 때까지는 아무도 공격하지 말라."

장군은 생각했다.

'아무래도 이번 전투는 쉽지 않을 것 같다. 많은 전투를 경험했지만 이번만큼 적의 숫자가 많은 것은 경험하지 못했다.'

적은 강변에 이미 상륙한 후 산의 가파른 사면을 따라 이동하고 있었다.

"궁수는 활을 쏴라!"

말이 떨어지자마자 화살이 비오듯 적군의 머리 위로 쏟아졌다. 수많은 왜군이 쓰러졌다. 그러나 더 많은 왜군이 그 자리를 채웠다. 왜군은 성을 공략하기 위해 사다리와 공성 장비를 준비했다. 황룡장군은 부장들을 쳐다보았다. 둘 다 정신없이 군사들을 독려하고 있었다. 병사들 또한 추호의 흔들림 없이 자신들의 자리를 지키고 있었다.

"돌을 던져라! 뜨거운 물을 부어 성벽을 오르는 적병을 물리쳐라!"

돌이 날아다니고 여기저기서 뜨거운 연기가 하늘을 찔렀다. 수많은 왜적이 성벽 밑으로 굴러 떨어졌다. 그러나 그것도 잠시뿐, 곧이어 더 많은 적군이 그 자리를 메꾸며 성벽을 기어올랐다.

한나절이 지나갔다. 해는 서쪽 하늘에 걸렸다. 낙동강의 낙조가 장군의 얼굴을 붉게 물들였다.

'적의 사상자가 엄청나게 많을 것이다. 그러나 아군도 이미 많이 죽거나 부상을 입었다. 부디 잘 견디어다오.'

장군은 크게 외쳤다.

"여기서 우리가 무너지면 후방의 우리 백성들이 왜적에게 도륙되거나 포로가 되어 끌려간다. 끝까지 한 치도 물러서지 말고 자리를 지켜라!"

군사들이 외쳤다.

"예, 장군님!"

"예, 장군님!"

여기저기서 고함소리와 병장기가 부딪히는 소리가 넓은 강변에 울렸다.

'전쟁터에서 함께 동고동락했던 동지이자 부하들, 부디 끝까지 잘 견뎌다오.'

장군은 마음속으로 외쳤다.

어스름이 짙어지고 별들이 김해만의 밤하늘을 수놓기 시작했다. 멀리서 북소리가 울리자 갑자기 적이 공격을 멈추었다. 어둠이 잠시나마 숨 돌릴 틈을 주었다. 장군은 멀리 사라지는 적의 횃불을 바라보다 하늘을 올려다보았다. 별들이 텅 빈 하구를 가득 채우고 있었다. 몸은 지쳤지만 정신은 더욱 맑아지는 느낌이 들었다.

'참으로 아름답구나, 월성의 숲에서 보았던 별들도 예뻤지.'

멀리서 부장들의 큰 외침이 들려왔다.

"비록 적이 공격을 멈추었지만 방심하지 말라! 모두들 자기 자리를 이탈하지 말라!"

장군은 좌부장과 우부장을 불렀다.

"우리는 왜장의 계략을 알 수가 없다. 그대들이 만약 왜장이라면 어떤 계략을 쓸 것인가. 야음을 타서 공격을 할 것인가? 그렇지 않으면 날이 밝은 뒤에 공격을 할 것인가?"

두 부장의 의견은 달랐다. 좌부장은 야음을 타서 공격을 한다고 하고 우부장은 새벽에 공격해 올 것이라고 했다.

장군이 말했다.

"우리는 적장의 생각을 모른다. 그러나 한 가지만은 분명하다. 이 전투는 어느 한 편이 물러서지 않으면 끝나지 않는다. 우리는 이미 죽을 각오가 되어 있다. 이 성의 돌을 베개로 삼고 최후를 맞을 것이다. 각자 자기 위치에서 무기를 든 채 약간의 휴식을 취하고 식사를 한 후 보초병을 꼼꼼히 세워 만약의 사태에 대비하게 하라."

"예, 장군님."

두 부장이 물러간 후 황룡장군은 장대에 홀로 서서 해변에 진을 치고 있는 왜의 무리를 내려다보았다.

'대체 적장은 누구인가? 지금 무슨 생각을 하고 있을 것인가?'

곧이어 장군은 혼잣말로 중얼거렸다.

"다 부질없는 일이다. 지금 이 순간 내가 할 수 있는 일은

오로지 한 가지뿐이다. 이 자리에서 물러서지 않는 것이
다. 내일 날이 밝으면 모든 것이 분명해질 것이다."

갑자기 한 가닥 희망이 솟아나 스스로에게 이르기도 했
다.

'아마도 왜군의 숫자가 삽량주와 금성에도 알려졌을 것
이고 잘하면 내일 원군이 올 수도 있을 테지. 아직 희망은
있다.'

갑자기 피로가 덮쳤다. 그는 홀로 장대에 앉은 채 잠시 눈
을 감았다.

눈을 떴을 때는 새벽녘이었다. 동쪽 하늘에 샛별이 유난
히도 반짝이고 있었다. 달빛은 아직도 넓고 넓은 하구의
물 위를 희미하게 비추고 있었다. 장군은 칼을 쥐고 의자
에서 일어났다. 성벽을 한 바퀴 돌아볼 작정이었다.

'남쪽에는 우부장이 있겠지. 그곳으로 먼저 가보자.'

장군은 이렇게 생각하면서 걸음을 옮겼다. 우부장은 피
곤한 듯 성벽에 기대어 눈을 붙이고 있었다. 부하들이 제
각각 나름 편안한 자세로 휴식을 취하고 있었다. 깃발 아
래 경비병이 장군을 보자 목례를 올렸다.

"수고 많다. 고생한다. 부디 전투에서 살아남아야 한다."

군사가 말했다.

"장군님, 저희는 이미 각오하고 있습니다. 장군님과 운명을 함께할 것입니다. 부디 끝까지 남아서 저희들과 함께해 주십시오."

장군은 마음이 무거워지는 것을 느꼈다. 이 전투가 쉽지가 않다는 것을 누구보다 잘 아는 그였다. 아마 이 군사도 알고 있을 것이다.

"사는 곳이 어디인가? 보아하니 처자나 부모님이 계실 듯한데. 집에는 누가 있는가?"

군사가 말했다.

"네, 장군님, 제 고향은 황산나루 부근입니다. 집에는 마누라와 찔레라고 하는 딸아이가 한 명 있습니다."

"그래, 딸아이가 몇 살쯤 되는가?"

"제가 고향을 떠난 지 3년이 되어갑니다. 제가 떠날 때 일곱이었는데, 이제 열 살은 되었겠습니다. 사실 딸애가 애비 얼굴을 몰라볼까 걱정입니다."

"이번 전투가 끝나면 고향에 다녀 오거라. 황산은 여기서도 멀지 않은 곳이 아닌가. 내가 휴가를 보내줄 것이다."

"네, 장군님. 정말 고맙습니다."

군사의 눈에 눈물이 고이는 것이 희미한 새벽 빛 속에 보였다.

갑자기 뒤편에서 흐느끼는 소리가 들렸다. 황룡장군은

소리 나는 쪽으로 고개를 돌렸다. 성루의 벽에 기대어 잠들었던 병사가 꿈을 꾸는 것처럼 잠꼬대를 하고 있었다.

장군은 생각했다.

'아마 전장으로 나가면서 사랑하는 가족과 이별하는 꿈인지도 모르겠다.'

황룡장군은 자고 있는 부하들을 보며 미안한 감정과 자랑스러운 감정이 동시에 일어났다.

서쪽은 좌부장이 지키고 있었다. 좌부장은 군사들을 독려하며 깨우고 있었다. 벌써 날이 밝아오고 있었다. 넓은 하구의 아침은 일찍 밝아왔다. 좌부장은 장군을 보자 싱긋 웃음을 지어 보이면서 말했다.

"장군님, 벌써 날이 밝았습니다. 간밤에 잘 주무셨습니까?"

평소 유난히 낙천적인 좌부장이다. 오늘 치열한 전투가 기다리고 있다는 것을 알고 있으면서도 전혀 주눅든 기색이 없다.

장군이 말했다.

"좌부장, 아마 적들이 부장을 기다리고 있을 걸세. 오늘은 어제보다 더 치열한 전투가 되겠지."

"걱정 마십시오. 장군님과 함께 전투를 치를 수 있어 영광입니다. 아직 저에게는 며칠을 버틸 수 있는 힘이 남아 있습니다."

멀리서 북소리가 들렸다. 이제 귀에 익은 소리다.

'벌써 적이 공격을 시작했구나.'

장군은 해변을 내려다보았다. 동쪽 높은 산 위로 해가 떠오르면서 낙동강 하구가 붉게 물들었다. 붉은 강물을 등지고 수많은 왜군이 벌떼처럼 성벽을 기어오르기 시작했다. 다시 싸움이 시작되었다.

황룡장군은 장대 위 장군 깃발 옆에서 한 치의 흔들림 없이 전장을 지휘했다. 좌부장과 우부장은 맡은 지역을 사수하기 위해 부하들을 독려했다. 왜군은 활을 쏘아 쓰러뜨려도 돌로 쳐서 떨어뜨려도 끊임없이 성벽을 기어 올라왔다. 해는 한낮을 돌아 또 다시 서쪽 하늘에 걸렸다. 중과부적. 적의 숫자가 너무 많았다. 화살도 떨어지고 모아둔 돌도 거덜났다. 적이 하나둘 성벽을 넘어오기 시작했다.

장군은 생각했다.

'마침내 그 날이 왔다. 이제는 마지막 순간까지 몸을 던져 저들이 이 성을 넘어 삽량성으로 가는 것을 막는 방법뿐이다.'

장군이 외쳤다.

"제장들! 군사들! 이제 다른 길은 없다. 나를 따르라. 최후의 일인까지 이 성을 지키는 것이다."

황룡장군은 파괴된 성문을 따라 밀물처럼 몰려드는 왜적의 한복판으로 몸을 던졌다. 충직한 좌부장과 우부장이 곧이어 장군을 따라 왜적의 한복판에 몸을 던졌다. 그리고 충성스러운 군사들이 그 뒤를 따랐다.

이미 해는 한낮을 지나 멀리 김해의 산 위에 걸렸다. 아침에 하구를 붉게 물들였던 해는 이제 서산으로 넘어가면서 서쪽 하늘을 물들였다. 곧 어둠이 대지를 덮었다. 성안 도처에 신라 병사와 왜군의 시체가 즐비했다.

왜장은 당황했다.

'도대체 신라 병사들은 어디서 이러한 힘이 나온단 말인가? 이 작은 성 하나를 공략하기 위해 너무나 많은 희생을 치렀다. 더군다나 귀중한 시간을 지체했다. 이틀을 여기서 소모했으니 이미 신라는 만반의 준비를 했을 것이다. 더 걱정스러운 것은 원군이 이미 삽량주에 도착했을지 모른다는 점이다.'

왜장은 부하들에게 말했다.

"적은 이미 전투 준비가 되었고 원군도 도착했을 것이다.

더구나 우리의 병력 손실이 너무 많다. 분하구나. 회군하라."

날이 밝자 왜군이 철수했다는 소식은 삽시간에 이웃 고을로 퍼져나갔다. 백성들이 성으로 돌아오기 시작했다. 성으로 가는 길은 온통 왜군의 시체로 가득했다. 시신을 묻어주지 못하고 서둘러 철수한 것이다. 신라군의 안위를 걱정하며 성 안으로 들어선 백성들의 눈에 곳곳에 즐비한 신라군과 왜군의 시체가 들어왔다. 장군은 한가운데에 쓰러져 있었다. 갑옷 위로 선혈이 낭자하게 흘렀다. 그 주변으로 두 부장과 수많은 신라 장병들이 손에 창칼을 들고 쓰러져 있었다. 살아 있는 이 하나 없이 적막만이 가득했다.

백성들은 그들의 시신을 수습하여 장사를 지냈다. 누군가를 위해 제 한몸 희생하는 것을 의(義)라고 했던가? 그렇다면 그들의 죽음은 의로움이다. 이에 사람들은 그들이 죽음으로 지켰던 성을 의성(義城)이라고 불렀다. 그리고 성이 있었던 나지막한 산을 의성산이라고 했다. 의성은 532년 법흥왕이 가야를 복속시킬 때까지 자리를 지키면서 변방의 튼튼한 요새가 되었다.

그리고 천여 년의 세월이 흘렀다. 1592년 임진년 4월 13일 왜군은 엄청난 규모로 또 다시 조선반도를 침략했다. 왜군 1만 8천여 명과 700여 척의 군함이 밀물처럼 부산진 앞바다를 침공했고 사흘 만에 부산은 왜군의 손안에 떨어졌다. 의성산은 왜군의 진지가 되었다. 의성은 허물어지고 그 자리에 왜군은 새 성을 쌓았다. 그리고 왜란이 끝나기 직전인 1598년 5월까지 그곳을 점령했다.

의성산 정상에 오르면 허물어진 왜성이 남아 있다. 의성에 사용되었던 1,500년 전의 돌들이 왜성 성곽에 남아 있다. 그곳에 서면 멀리 낙동강을 내려다볼 수 있다. 강은 예나 지금이나 남쪽으로 유유히 흐른다. 낙동강 하구의 아름다운 석양이 온통 하늘과 수평선을 물들인다. 붉디붉은 석양은 그 날 황룡장군과 군사들의 얼굴을 비추었던 바로 그 석양이다.

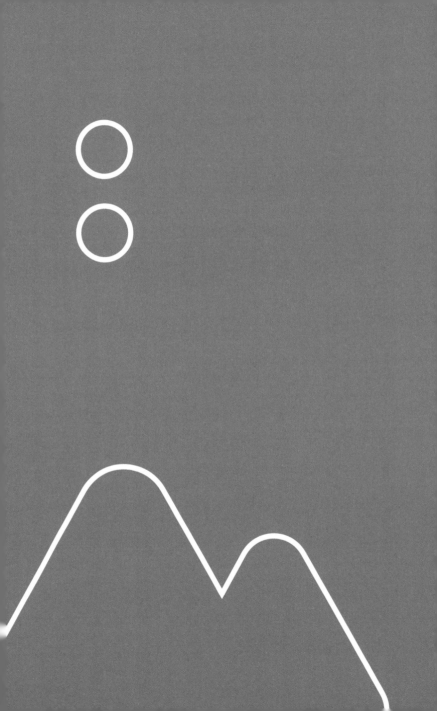

5. 기비현에는
거친 삶의 흔적이
남아 있다 - 만덕

구포는 포구상업이 크게 일어나 경제적으로 번창한 곳이
고 동래는 영남에서 가장 큰 행정도시 중의 하나였다. 두
지역을 연결하는 고개가 있다. 옛날이나 지금이나 지정학
적, 경제학적으로 아주 중요한 고개로 상계봉과 주지봉을
이어주는 산 능선을 따라 넘어간다. 바로 만덕고개다.

만덕고개는 이름도 여럿 가지고 있다. 지역 주민에게 인
적, 물적 교류의 중요한 역할을 하다 보니 이름도 시대에
따라 바뀌고 지역에 따라 달리 불렸다. 문헌에 보면 조선
초기에는 기비현으로 기록되어 있다(『신증동국여지승
람』, 1530년). 지역민들은 높은 고개라는 의미로 맏등고
개, 만등고개 등으로 불렀다. 구포지역에서는 동쪽에 있
는 고개 즉 새벽을 알리는 고개라는 뜻으로 새배고개, 새
울이뫼, 새배여뫼라고 부르기도 했다. 일제강점기에 이르
러 만덕령 즉 만덕고개가 행정 명칭으로 고정되었다.

만덕고개 아래에 있는 만덕골짜기는 말 그대로 주민들의
만 가지 시름과 괴로움을 품을 수 있는 큰 공간이다. 지금
도 상리, 중리, 하리, 사기마을 같은 자연마을 이름이 남
아 있고, 인구가 약 6만여 명이나 된다. 이처럼 넉넉하고
큰 골짜기 안에 사람이 거주한 흔적은 가야시대까지 거

슬러 올라간다. 금정산성 남문과 불태령 마루에서는 가야시대 경질토기가 발견되었고, 남산정교차로에서 북쪽으로 보이는 상계봉 골짜기를 가야골, 남쪽으로 보이는 주지봉 골짜기를 소가야골이라고 불렀다. 만덕동에서 초읍으로 넘어가는 곳에 있는 쇠미산은 금용산이라고도 하는데 '철이 용처럼 솟아난다'라는 의미가 들어있다. 기록에 의하면 이 산 일대는 가야시대에 철을 생산하는 곳이었고 이곳에서 나는 철은 질이 좋아서 인기가 있었다고 한다. 그러나 이 지역의 존재가 문헌에 나타나는 것은 임진왜란 이후로 영조 때 『동래부지』(1740년)에 '만덕'이란 지명이 처음 나온다.

만덕고개는 많은 이야기와 전설을 간직하고 있다. 산적들이 출몰해 지나가는 이들의 물품을 약탈하고 괴롭혔던 곳이고 임진왜란 때 수많은 이들이 숨어들어 피난한 곳이었다. 또한 승병들이 구포왜성에서 동래로 넘어가는 왜군을 저지하기 위해 싸운 곳이기도 했다. 왜군이 승병을 몰아내기 위해 만덕고개 아래 있던 큰 사찰을 화공으로 태워버렸다고 한다.

상계봉과 주지봉 봉우리는 많은 계곡을 만든다. 산의 가파른 지형은 서쪽으로 완만하게 경사를 이룬다. 경사면을 따라 흘러내리는 계곡천들이 비룡산 아래에서 만나 샛강을 이룬다. 만덕천(덕천천)이다. 조선시대에는 만덕계수 또는 기찰강이라고 했다. 천은 만덕동에서 덕천동과 구포동을 거쳐 낙동강으로 유입된다. 이 물길을 따라 만덕동이 있는 상류에서 덕천동과 구포동이 있는 하류까지 자연마을이 이어졌다. 지금은 덕천천으로 통용되지만 만덕동 사람들은 여전히 이곳을 만덕천이라고 부른다. 주민들의 단단한 지역 정체성이 느껴진다.

은행나무 가로수길

튤립나무 가로수길

함박봉 고갯길

만덕고개 둘레길

동 경계

지하철

고속도로

사기마을

상리

중리

하리

신촌마을

만덕촌

남산정

만덕초등학교

만덕중학교

천주교
만덕성당

신만덕쌍용예가
아파트

백산
초등학교

벽산블루밍
아파트

그린코아
아파트

백양디이스

만덕3동

신덕
초등학교

만덕1동

석불사

N
S

상학초등학교

4
만덕동사지

만덕시장

2

만덕역

삼성
아파트

만덕2동
주민센터

1

뜰에장

만덕
고개

3 만덕도서관

백양중학교

백양
근린공원

만덕2동

부산광역시
보건환경연구원

만덕
고등학교

함박봉

만남의 숲

① 은행나무 가로수길

이 길은 백양산 기슭 가까이에 있어 사계절 걷기 좋다. 하지만 가장 어울리는 계절은 역시 가을이다. 늦가을 상학산에서 넓은 만덕동의 골짜기를 내려다보면 은행나무 가로수길은 한 줄 노란 선을 그어놓은 듯하다. 그때가 되면 백양근린공원의 단풍나무와 느티나무 잎까지 주변을 온통 아름다운 색감으로 물들인다. 은행나무가 노랗게 물드는 계절이 오면 이 길은 가을의 정취를 만끽하려는 이들로 북적인다. 그리고 만덕 사람들이 여는 축제의 장으로 바뀐다.

북구에는 은행나무 가로수가 많다. 하지만 '은행나무길'이라는 도로명을 가진 곳은 딱 한 곳이다. 만덕동의 백양산 동북쪽 경사면을 따라 중리에서 상리로 올라가는 왕복 2차선 도로다. 1986년에 심은 130여 그루의 은행나무가 그 시작이었다. 은행나무길 도로명은 은행나무로 가로수를 처음 조성해 얻은 영광인지도 모르겠다. 아무튼 북구에서 은행나무길은 고유명사로 만덕동을 대표하는 단어가 되었다.

신만덕교차로에서 '가을은행잎축제거리'라는 아치형 표지판이 설치된 길목이 시작 지점이다. '은행나무로

1→66'이라는 도로명 주소 표지판도 확인할 수 있다. 길은 초입부터 꾸준히 경사를 이루면서 백양산 자락을 끼고 올라간다. 직선으로 나 있는 짧고 단순한 경로지만 오르막이라 조금 부담스러울 수 있다. 그러나 길 양편에 서 있는 오래된 은행나무들이 고단함을 달래준다. 특히 늦은 가을이면 노랗게 물든 은행잎으로 걷는 즐거움이 가득하다.

은행나무길은 위아래로 상반된 분위기를 가지고 있다. 입구인 아래쪽은 신만덕시장이라 사람들로 붐빈다. 인도 양쪽으로 좌판이 줄을 잇고 가게들도 물건을 길가에 진열해 보행로가 몹시 좁다. 구경하거나 흥정하느라 좁은 인도를 막는 경우도 많다. 그러나 다들 개의치 않는 기색이다. 복작거리지만 그다지 불편하지 않은 시장 길은 두 블록 위 사거리에서 끝난다.

그 뒤로 길은 한적하고 아늑한 얼굴로 바뀐다. 오른편에 2022년 리모델링한 만덕도서관이 있다. 주변에는 음식점과 카페 같은 가게가 옹기종기 모여 있다. 만덕도서관은 숲속에 지어 자연과 조화를 이룬 도서관으로 손색없으니 한번쯤 꼭 방문해보기를 권한다. 도서관 바로 뒤에 백양근린공원이 있다. 울창한 나무로 둘러싸여 편안함을 주는 멋진 공간이다. 공원 한쪽에 산 위로 길이 나 있다. 함박고개를 넘어가는 자드락길이다. 입구가 나무데크로 정비되어 쉽게 찾을 수 있다. 은행나무길이 조금 짧게 느껴진다면 이 길을 따라 숲속을 잠시 거닐어보는 것도 좋다. 예전에는 맨발로 걸을 수 있게 황토와 마사토가 깔려 있었는데 유지 관리가 소홀해 지금은 평범한 산길에 지나지 않는다. 그러나 경사가 급하지 않고 함박고개까지 거리가 짧아 마음만 먹으면 쉽게 오를 수 있다. 길의 반환점은 걷는 사람의 마음에 달려 있다. 어디에서 돌아오든 숲길은 결코 걷는 사람을 실망시키는 법이 없다.

은행나무길 오르막을 끝까지 오르면 '은행나무로 66←1'이라는 도로명 표시와 함께 전면이 산으로 막히고 길은 양옆으로 갈라진다. 이곳이 종착점이다. 두 갈래로 나뉜 길은 은행나무길 옆으로 펼쳐져 있는 마을 속으로 들어간다. 왔던 길 그대로 내려간다면 눈을 들어 먼 곳을 바라보라. 상학산 남쪽 면이 성큼 다가와 있는 것을 느낄 것이다. 산 정상의 우람한 인셀베르그(기암괴석)도 즐길 수 있다. 샛길로 빠지면 백양중학교 아래 레고마을을 둘러볼 수 있다. 레고마을은 1986년 지어진 국민 주택 단지이다. 부산은 한국전쟁 시절 많은 피난민을 수용하면서 주거지가 난립하는 문제가 있었는데 이곳은 정부가 일률적인 형태로 집을 지어 분양했다. 똑같은 규격의 집이 아홉 채씩 6열로 배치되어 총 54채가 모여 있다. 그 모습이 마치 장난감 블록 조립 같아 레고마을이라는 별칭이 생겼다. 시간이 지나며 집집마다 지붕 색깔도 다양하게 칠하고 개성 있게 화단을 가꾸는 등 변화를 주어 지금은 이국적인 느낌마저 드는 멋진 주택 단지가 되었다.

은행나무가 노랗게 물드는 계절이 오면 가을의 정취를 만끽하려는 많은 사람들이 이 길을 찾아온다. 2003년부터는 축제도 열리기 시작해 '만덕사람들의 가을은행잎 축제'가 격년제로 개최되고 있다. 만덕 주민들이 자체적으로 기금을 모아 운영하는, 만덕 사람들에 의한 만덕 사람들의 축제다. 은행나무길이 만덕동의 자랑이며 정체성을 보여주는 곳인 이유다.

② 튤립나무 가로수길

튤립나무(백합나무) 가로수길은 만덕동의 중심을 지나간다. 북쪽 상학산 자락으로는 구만덕이 자리잡고 있고 남쪽 주지봉 자락으로는 신만덕이 자리잡고 있다. 신구 두 개의 만덕을 이어주는 길이다. 가로수길을 따라 걷다 보면 복개되지 않은 만덕천이 보인다. 만덕천 옆으로 마을길이 있다. 길을 따라 마을로 들어서면 옛 만덕고개길, 알터바위, 당간지주, 만덕동사지 같은 만덕동이 숨겨놓은 옛 이야기를 볼 수 있다.

만덕지하철역은 지표면에서 깊이가 약 64.25m로 27층 아파트쯤 되며 엘리베이터가 지하 9층까지 운행된다. 우리나라 지하철역 가운데 김포공항역을 제외하고 가장 깊다. 역이 산중턱에 위치하고 있어서다. 만덕역 1번 또는 3번 출구로 나오면 왕복 4차선 도로를 만난다. 고개 중간에서 백양산 쪽으로 내려가는 경사진 길이다. 출구 앞에서 삼성아파트 방향으로 '만덕2로 1→46'이라는 도로명 표지판을 찾으면 된다.

이 도로가 튤립나무(백합나무) 가로수길이다. 약 460m로 짧은 거리라 쉽게 지나칠 수 있으니 유심히 보아야 한다. 튤립나무 행렬은 만덕2로와 함께 끝나며 가로수는 그 뒤

로 은행나무로 바뀐다. 튤립나무는 우람하게 펼쳐진 백
양산을 배경으로 늠름하게 서 있다. 도로가 혼잡하여 불
편할 수 있으나 나무에 꽃이 피는 시기에 걸으면 특히 재
미를 느낄 수 있다. 꽃은 5~6월 가지 끝에 지름 약 6cm
크기로 핀다. 튤립 모양의 초록색을 띤 노란색 꽃이다. 모
양에서 나무 이름이 나왔다.

튤립나무 가로수길은 북구에서 가장 큰 골짜기인 만덕골
한가운데를 관통한다. 예전에는 중리마을이었고 지금 행
정명으로는 만덕2동이다. 이 길은 상학산 남쪽 능선을 따
라 내려가다가 백양산에서 내려오는 지세와 만난다. 두
지점이 만나는 신만덕교차로에 도착하면 이 길은 끝난다.
이 일대는 원래 계곡이었다. 비록 지금은 도로와 건물이
즐비하지만 지형을 자세히 살펴보면 두 개의 큰 산자락이
만나는 가장 낮은 곳임을 알 수 있다. 계곡에는 계곡을 따
라 흐르는 내가 있게 마련이다. 이곳에도 계곡천이 있었
다. 옛날에는 만덕계수라고 불렀고 현재는 덕천천(만덕
천)이라고 부르는 낙동강 샛강을 이루는 계곡천이다. 수
량이 풍부해 고려시대까지만 해도 만덕동 하리마을까지
배가 다녔다고 한다. 지금은 개발로 인해 수량이 적은 도
시 하천으로 바뀐 데다 대부분 복개되어 육안으로는 볼

수 없다. 많은 건물과 도로가 복개된 하천을 따라 들어섰고 차들만이 그 위를 무심하게 달릴 뿐이다.

여유가 된다면 튤립나무 가로수길을 벗어나 복개되지 않은 덕천천을 따라 상류로 이어지는 좁은 길을 걸어보는 것도 좋다. 만덕동의 숨어 있는 고샅길을 발견하게 된다. 도로명은 구만덕로60번길로 산비탈 아래로 이어지며 마을을 지난다. 옛날에는 만덕동사지의 절에 속한 사기마을이었는데 지금은 작은 공장들이 들어서 있다. 지하도를 통과해 올라가면 알터바위와 당간지주 옆으로 옛 만덕고갯길의 일부가 복원되어 있다. 비록 짧지만 의미가 큰 길이다. 계속 가면 제1만덕터널로 가는 2차선 포장도로를 만나게 된다. 길 건너편으로는 만덕동사지가 있다. 만덕동사지는 고려 초기에 세워져 조선 초기까지 존재했다 사라진 수수께끼 같은 절터이다.

만덕동사지는 만덕고개 아래 큰 사찰이 들어섰던 자리로 지금은 금당지와 법당 터만 남아 있다. 부산박물관에서 1990년부터 2001년까지 세 차례 발굴 조사를 진행하여 중요한 유물과 유구를 꽤 발견하였으나 절터와 주변 지역에 관해 아직도 밝혀지지 않은 것이 많다. 현재는 사유재산 등의 문제와 맞물려 작업이 중단된 상태다.

만덕동사지에 들어서면 동서 68m, 남북 54m, 높이 4m에 달하는 축대를 세워 만든 사찰 터가 보이고 바로 뒤쪽과 동북쪽 200m 지점 그리고 서북쪽 170m 지점에도 건물터의 석축과 주춧돌이 남아 있다. 만덕동사지의 금당지 규모는 24.9m×20.4m이다. 신라 왕실에서 지었던 사찰인 사천왕사지와 감은사지를 놓고 비교하면 만덕동사지의 금당지가 더 크다. 용마루 장식 기와인 치미의 높이는 1m 이상으로 경주 황룡사 치미에 버금간다. 아마 금당지 뒤

편으로 산의 경사를 따라 많은 석축이 있었을 것이고 그 위에 강당과 법당이 있었을 것이다. 지금 남아 있는 석축은 3개 가량이다.

그 외에도 높이 3.35m의 3층 석탑, 봉황 머리 모양 잡상, '기비사' 명문 기와, 팔각 좌대석의 날개와 상단 부분, 분청사기, 연꽃 수막새와 암막새, 만들다 버려둔 석조 수조, 회랑 터 등이 발굴되었다. 전문가들은 현재까지 발굴된 유적과 유물로 보아 절의 규모가 상당히 커서 적어도 통일신라 후기나 고려 초기 왕실의 후원을 받아 세웠던 국찰로 간주하고 있다.

유물들은 석조 수조를 제외하고 부산박물관에 특별 전시되어 있다. 절이 존재했던 시기는 대략 고려 초기부터 조선 초기, 길게는 임진왜란 때까지로 보고 있다. 조선 중기까지 존속했다고 추측하는 이유는 출토 유물 중에 장흥고 명문의 도자기 파편이 있기 때문이다. 장흥고는 조선 중기에 있었던 도자기 공장으로 주로 관공서에 그릇을 납품했다고 한다. 1972년에 절터는 부산지방문화재 기념물, 당간지주는 부산지방유형문화재로 지정되었다.

이처럼 크고 화려한 사찰임에도 사료가 부족해 정확한 절의 명칭을 결정하지 못하고 있는 점이 아쉽다. 창건 연도와 폐사 시기도 알지 못한다. 현재 지역 주민 일부는 만덕사라 주장하고 학계에서는 기비사라고 설명한다. 여러 상황을 감안해 현재는 만덕동사지라고 부르는 추세다.

기비현 천년 고찰은 수수께끼 같은 흔적만 남겨놓고 바람처럼 사라졌다. 그러나 금당지로 올라가는 계단과 축대는 천년의 시간이 남겨놓은 울림이 있다. 금당지에 덩그렇게 놓여 있는 큼지막한 주춧돌과 돌무더기처럼 쌓아놓은 기와 조각 위에는 거친 시대를 온몸으로 견뎌낸 기운이 깊이 배어 있다. 텅 빈 사찰 터에 큰 은행나무가 서 있다. 우수수 떨어지는 은행잎에 바람이려니 하고 돌아보니 만덕동사지에 쌓인 세월이다.

북쪽에 상학산, 남쪽에 백양산이 있고 뒤편으로 병풍처럼 만덕고개가 둘러싸고 있는 만덕동은 깊고 큰 골짜기에 평화롭게 자리 잡은 자연친화적인 도심 속 마을이다. 만 가지 덕을 가지고 있다는 이름답게 만덕교차로는 많은 사람들로 붐빈다. 만덕동은 오랜 세월을 엮어온 역사를 깊이 간직한 채 속내를 쉽게 드러내지 않는다. 이 마을의 옛 이야기를 알기 위해서는 눈으로 보기보다 침묵과 역사적 상상력이 더 필요하다.

③ 함박봉 고갯길

흙을 밟으니 부드럽다. 길은 짙은 숲속이지만 제법 넉넉한 폭을 유지하면서 산허리를 따라 산등을 오른다. 건너편 만덕고개에서 불어오는 바람이 길동무를 한다. 길은 황토와 마사토가 이어지다 사라지고 또 이어진다. 곳곳이 움푹 패고 돌이 흙 위로 모습을 드러내고 있다. 이 길은 2009년 부산 걷기축제위원회가 시행한 '제1회 길 콘테스트'에서 우수상을 수상했던 곳이다. 그 후 지속적으로 관리되지 못했다. 비록 행정기관에서는 잊었을지도 모르지만 주민들은 여전히 산책을 즐긴다. 이 길은 둥근 함지박처럼 우리의 마음을 편안하게 한다.

함박봉 고갯길을 가기 위해서는 만덕도서관까지 가야 한다. 앞서 은행나무길에서도 소개했지만 이 도서관은 숲을 배경으로 자리한 데다 뒷문으로 나가면 바로 백양근린공원과 이어지는 근사한 공간이다. 함박봉 고갯길은 바로 이 공원에서 시작한다. 공원에는 체육시설과 어린이 놀이시설, 벤치가 있다. 한쪽 구석에 산으로 올라가는 나무데크 계단이 있다. 원래 이 길은 함박고개 맨발길이라 불렸다. 2009년 만덕2동 주민센터와 주민들이 만든 길이다. 길이는 약 1km로 바닥에 황토와 마사토를 뿌리고 다져서 맨발로 걸을 수 있도록 정비를 했었다. 주민들의 노력 덕분에 부산시와 2009년 부산걷기축제위원회가 시행한 제1회 길 콘테스트에서 우수상을 수상하기도 했다. 그러나 그 후 유지 관리를 하지 않아 곳곳이 패고 돌이 밟힌다. 황토를 깔고 다듬은 흔적만 남았으니 참으로 아쉬움이 많은 길이다.

입구 계단을 따라 얼마쯤 오르면 전망대가 나온다. 상학산 상계봉의 거대한 암봉이 눈앞에 가까이 다가오는 것을 느낄 수 있는 곳이다. 전망대를 뒤로 하고 계속 산길을 오르면 길은 산등을 타게 된다. 오르막 중간에 나무 벤치와 탁자가 놓여 있다. 제법 넓어 바람도 잠시 머물다 가기 좋은 곳이다. 고개에 이르면 앞으로는 내리막길, 오른쪽으로는 오르막길이 있다. 오른쪽 오르막은 작은 봉우리처럼 생겼다. 마치 함지박을 엎어놓은 모습이어서 이 봉우리를 함박봉이라고 한다. 함박봉을 넘어가는 오르막길을 타고 조금만 가면 곧이어 내리막길이 나오면서 만남의 숲이 앞에 나타난다. 참나무, 소나무, 벚나무 같은 큰 교목들이 길을 덮고 있다. 내리막이 끝나는 부근에 '부태고개'라는 낡은 안내판이 서 있다. 부태고개는 옛날 만덕동 사람들이 서면에 볼일이 있거나 서면장에 가기 위해 넘었던 고개다. 이 부근은 편백나무가 빽빽한 만남의 숲이다. 편백숲은 통과하는 바람조차 향기롭다.

한편 고갯마루에서 내려가는 길로 직진하면 유아 숲체험
장이 나오고 앞쪽으로 작은 빈터가 보인다. 낮은 돌담 옆
으로 벤치들이 놓여 있다. 빈터 가운데 이정표가 설치되
어 있다. 이곳에서 숲길이 이리저리 갈라지므로 산책 계
획을 다시 세우면 좋다. 왼편 길은 쇠미산을 끼고 만덕고
개로 향한다. 더 걷고 싶다면 직진해서 어린이대공원을
향하면 된다. 넓고 편안한 산길을 조금만 내려가면 성지
곡 수원지와 산책길이 어우러진 멋진 두름길을 만나게
될 것이다. 심신을 편히 내려놓고 싶다면 오른쪽 오솔길
을 따라 편백숲으로 들어가 보자. 편백나무가 뿜어내는
피톤치드에 흠뻑 젖을 수 있다. 이 길은 만남의 숲과도 통
한다. 몇 가닥 실처럼 편백숲을 가로지르는 오솔길을 따
라 걷다보면 길 위로 화장실이 보이고 빈터가 나온다. 나
무의자, 평상, 테이블 등 편의시설이 군데군데 설치되어
있다. 바로 만남의 숲이다. 함박봉을 넘으면 만나는 바로
그 숲이다. 벤치와 평상에 앉아 혼자 혹은 삼삼오오 가지
고 온 음식을 먹는 사람들이 보인다. 숲속 식당 같은 풍경
이다.

숲은 주인이 따로 없다. 먼저 자리를 차지하면 일어날 때까지 그 공간을 향유할 수 있다. 자릿세도 없다. 마음이 허락하는 한 숲이 주는 혜택을 누리다가 백양근린공원 쪽으로 하산하면 된다. 그래도 산길을 좀 더 걷고 싶다면 만남의 숲을 지나 서쪽으로 난 둘레길을 이용하자. 만남의 숲 옆에 있는 운동기구들 옆으로 난 제법 넓은 길이다. 하산은 만덕고등학교로 가는 안내판이 있는 지점에서 하면 된다. 내려가면 임도가 나오고 곧이어 보건환경연구원이 보인다. 건물 앞으로 나오면 마을버스 정류소가 있다. 건물 오른쪽 주차장 옆으로 난 좁은 길을 따라 숲으로 들어가면 처음 올라 왔던 오솔길이 나온다. 부근에 벤치와 테이블이 있고 숲길을 따라 내려가면 만덕도서관에 다다른다.

④ 만덕고개 둘레길

둘레길을 가기 위해서는 덕천동에서 46번 버스를 타고 석불사 입구 정류소에 내려야 한다. 만덕동사지 입구에서 오른쪽으로 난 오솔길로 가다보면 사기천이 보인다. 사기천 다리를 건너 경사면을 올라간다. 만덕고개를 넘어가는 차도가 나오고 차들이 심심찮게 지나는 것을 볼 수 있다. 이곳에서 만덕고개는 본격적인 오르막이다. 경로는 두 가지다. 하나는 아스팔트 차도와 함께 걷는 길이고, 하나는 질러가는 오솔길이다. 차도를 따라가면 주변은 온통 모텔, 요양병원, 음식점이고 올바른 인도가 없다. 몇 굽이를 돌면 건물의 행렬이 끝나고 숲길로 들어서는데 여기서부터 나무데크가 깔린 인도가 나온다. 옛날 장꾼들이 산적을 걱정하며 잔뜩 긴장해서 걷던 길을 이제는 난개발된 건물과 매연을 뿜는 차들 사이로 걸어야 한다. 이때쯤이면 고개의 첫인상이 흐려질 수도 있을 것이다.

두 번째 경로는 차도 입구에서 메아리산장 안내판을 따라 오솔길로 접어드는 것이다. 간혹 돌이 채이지만 조용한 숲길이다. 조금 걷다 보면 석조 수조가 보인다. 옛날에 만덕동사지에서 수조를 만들다 실패해서 버린 바위이다. 그곳에서 산을 올려다보면 앞쪽으로 고압선 철탑이 보인다. 철탑에 이르면 갈림길이 나오고 이정표가 설치되어 있다. 직진이 아니라 병풍암 석불사로 향하는 오른쪽으로 길을 잡아야 한다. 조금 오르면 또다시 직진하는 산길과 오른쪽으로 난 오솔길이 나온다. 오른쪽 길을 택해 계속 올라가자. 눈을 들어 멀리 바라보면 산중턱에 숨터카페가 보인다. 오솔길 주변은 온통 주민이 가꾼 밭과 과실수들이고 족구장도 있다.

오르막길 마지막 구간은 나무데크다. 나무데크는 만덕고개를 넘어가는 차도와 만나게 된다. 길옆에 전망대가 있다. 서쪽을 바라보면 만덕골의 크고 넓은 공간이 한눈에 들어온다. 낙동강변으로 구포동 일부가 보이고 그 너머로 김해의 산들이 아스라이 펼쳐지고 있다. 남쪽으로는 주지봉의 긴 능선이 시야를 가린다. 서북쪽 방향으로는 상계봉 정상의 우람한 암봉이 보인다. 상계봉에서 동쪽으로 이어진 산에는 큰 바윗덩어리가 산 정상에서 중턱까지 힘차게 뻗어 내려오고 있다. 병풍덤(병풍암)이다. 길이는 약 1km에 이른다. 바윗덩어리가 끝나는 부분에 석불사가 있다. 여기서 차도는 두 갈래로 나뉘는데 직진하면 석불사로 향하고 옆으로 올라가는 차도는 동래 방면으로 향한다. 이정표가 있어서 쉽게 구분할 수 있을 것이다. 만덕고개 둘레길을 걷기 위해서는 동래 방면을 선택한다.

병풍암에는 재미있는 이야기가 전해온다. 옛날 상학산의 신선이 학을 타고 낙동강을 향해 날아갔다 돌아오곤 했다고 한다. 이때 상학산은 학의 몸통이고 오른쪽 날개는 화명동에 있는 화산의 신선덤, 왼쪽 날개가 병풍덤이었다. 학의 머리는 강변에 있는 용당마을의 학성산이었다.

거대한 바위군 아래 매달린 듯 절 한 채가 자리 잡고 있다. 바로 병풍암 석불사다. 이 절은

1930년 조용선 선사가 창건했다. 경관이 예나 지금이나 뛰어나 절 앞에 서면 가까이는 만덕 고개가 보이고 멀리 남쪽으로 영도 바다와 부산 시가지가 한눈에 들어온다. 석불사의 자랑은 대웅전 뒤로 펼쳐진 거대한 암벽 위에 새겨진 마애불상이다.

마애불을 자세히 보려면 절의 동편에 있는 암벽 가까이 가보자. 대웅전과 칠성각 사이 계단을 오르면 양편으로 거대한 두 개의 암벽이 위압하듯 서 있다. 암벽의 높이는 20~40m 가량 된다. 주지스님의 말에 의하면 처음에는 두 암벽 사이에 크고 작은 바위가 들어차 있었다고 한다. 그 바위들을 들어낸 후 암벽 위에 불상을 새기고 들어낸 돌로 석불사 법당을 지었다고 한다. 이 절의 법당은 모두 돌로 되어 있다. 암벽에 새겨진 불상은 모두 29개다. 단일 사찰로는 국내에서 가장 많은 마애석불이다. 이곳 마애석불은 미륵불, 십일면관음보살, 약사여래불, 비로자나불 등 현세의 아픔과 고통과 결핍을 달래고 장차 미륵의 세계가 오기를 기원

하는 불상들이다.

석불사는 일제의 수탈과 압제가 가장 심했던 시기에 건립되었다. 그리고 대부분의 마애석불은 당대 유명한 불교 미술가와 석불 조각가를 초빙해 1953년부터 1956년까지 집중적으로 조각한 것이다. 당시는 한국전쟁이 막 끝나온 국토가 폐허가 되고 사람들이 전쟁 후유증으로 고통스러울 때였다. 이러한 시대상은 그들이 마애석불을 조각하는 데 많은 영향을 끼쳤을 것이다. 중생들에게 힘든 현실 세계를 견뎌나갈 수 있는 힘과 위로, 위안을 주고 싶었을 것이다. 또한 더 나은 사회를 향한 염원을 이 작은 공간에 담고 싶었을 것이다.

불심 가득한 석공들이 높고 높은 상계봉의 깊은 숲속으로 찾아들었던 순간을 그려본다. 손에 쇠망치와 징을 들고 큰 암벽에 매달려 오로지 불심을 일심으로 마애불을 새겼을 것이다. 돌 다듬는 소리가 산속에 울려 퍼질 때 만덕고개를 넘던 중생들은 합장을 했을 것이다. 석불사는 역사가 짧지만 지역민과 외지인이 많이 찾는 곳이다. 세계적인 여행 잡지 『론리플래닛』에 소개된 후로는 외국인도 꽤 탐방하고 있다. 석불사는 만덕동의 깊은 산골 거대한 병풍암 뒤에 숨은 듯 있지만 사찰의 독창적인 모습과 마애석불의 예술성으로 그 명성이 널리 퍼지고 있다.

동래 방향 차도를 따라 한참 오르면 만덕고개 생태터널이 나온다. 이곳이 만덕고개 정상이다. 높이는 약 290m다. 터널은 1965년 2월 6일 개통되었다. 고갯길은 포장된 차도와 나무데크 인도로 잘 구분되어 있고 인도를 따라 큰 벚나무들이 늘어서 있다. 생태터널 위쪽으로도 산길이 나 있다. 금정산성 남문으로 가는 등산로 일부다. 터널을 지나 동래로 넘어가면 금정산성과 쇠미산으로 가는 등산로도 있다.

여러 등산로가 교차하는 만덕고개를 보면 참으로 격세지감이 생긴다. 『북구향토지』(2014)에 기록된 구포장타령에 '꾸벅꾸벅 구포장 허리가 아파 못 보고, 고개 넘어 동래장 다리가 아파 못 본다.'라는 구절이 나온다. 워낙 가

파르고 비탈져서 다리 아프다는 말이 절로 나오게 된 것
이다. 또한 고갯길에 도적이 들끓어 장꾼들의 물품을 털
어가자 구포장에서 장을 보고 동래로 넘어가려는 사람들
이 만덕사 절터에 모여 떼를 지어 고개를 넘어갔다고 한
다. 이러한 광경을 노래한 민요도 있다.

모심기 노래
– 산성마을 이장년(여, 79세)

판장사는 판을 지고
판판 절사를 넘어간다

독장시(수) 독을 지고
독지고개로 넘어간다

명태 장사는 떼를 지어
만덕 절사(고개)로 넘어간다

조래장시(사) 으글치고(안으로 오므리고)
챙이장사 뻐들치다(밖으로 뻗어라)

조사 채록 : 김승찬 부산대 교수(1987년)

출처 : 『북구향토지』(2014년)

만덕고개 생태터널을 지나면 쭉 내리막이다. 중간에 만
덕고개 누리길 전망대가 있고 계속 내려가면 제1만덕터
널에서 나오는 구만덕로와 만난다. 부근에 금강교가 있
다. 금강교에서 마을로 들어가면 금정마을로가 나온다.
이 길은 동래 온천장으로 이어진다.

그러나 만덕고개 답사가 아니라 둘레길을 가기 위해서는
터널을 통과하자마자 옆으로 나 있는 오르막 계단을 올
라야 한다. 계단 옆에 '철학로(쇠미산) 희망 등산로' 팻말
이 보인다. 계단이 길어 불편하다면 계단 옆 샛길을 택해
도 된다. 금병약수터로 가는 길이다. 산등성이를 넘는 길
이 아니고 옆으로 둘러가는 에움길이다. 높은 계단을 오
르는 수고를 더는 대신 산어귀전망대에서 내려다보는 부
산 전경은 볼 수 없다. 두 길은 산등성을 지나 구민의 숲
에서 만난다.

구민의 숲은 2009년 희망근로 프로젝트의 하나로 부산
갈맷길 사업 때 조성되었다. 높이 자란 리기다소나무가

울창하게 서 있고 넓은 습지가 있다. 솔향기 가득한 숲속에서 나무 사이를 천천히 걷는 사람, 앉아서 숲멍 하는 사람, 자리를 깔고 누워 책을 보는 사람 등이 한때를 즐기고 있다. 그 모습을 보고 있자니 시간조차 느려지는 듯하다. 간혹 길옆에 서있는 몇 그루의 사방오리나무와 굴참나무 잎사귀에 바람 스치는 소리가 들린다.

구민의 숲을 지나 덕석바위로 향한다. 바위 밑에는 비녀굴(베틀굴)이 있다. 임진왜란 때 부녀자들이 군포를 짜서 전쟁에 나간 사내들을 도왔다는 전설을 간직한 굴이다. 덕석바위를 지나면 쇠미산 바위전망대가 나온다. 전망대에서 조금 더 오르면 쇠미산 정상이다. 쇠미산은 해발 399m다. 전망대와 정상에서는 부산 전경을 한눈에 볼 수 있다. 앞으로는 가까이에 사직운동장, 멀리 배산과 해운대 앞바다가 보인다. 약간 서쪽으로 눈길을 돌리면 영도 봉래산과 바다가 보인다. 좀 더 서쪽으로 꺾으면 상계봉, 병풍암, 망미봉이 보인다. 멀리 낙동강과 신어산, 무척산도 볼 수 있다. 동쪽으로는 철마산, 장산, 그 너머 동해까지 조망할 수 있다.

파노라마처럼 펼쳐진 아름다운 부산 경치를 뒤로하고 산

안쪽 능선을 타고 다시 왔던 길로 내려간다. 갈림길에서 왼쪽으로 방향을 잡는다. 오른쪽은 구민의 숲으로 향하고 왼쪽 길은 함박봉 고개로 가는 숲길이다. 소나무와 낙엽송을 지나 앞으로 계속 걷다 보면 상쾌한 공기가 느껴지면서 어느덧 울창한 편백숲에 들어온 것을 알게 된다. 이곳 편백숲은 피톤치드가 많기로 유명하다. 숲 사이로 거미줄처럼 산길이 끊어질 듯 이어져 방향을 잡기 힘들다. 그러나 문제될 것 없다. 걷다 보면 어느 길이든 만덕동에서 어린이대공원으로 넘어가는 고개 부근에서 만나게 된다.

하늘을 가리고 서 있는 울창한 편백숲은 마치 깊은 바닷속 같다. 편백숲의 심연(深淵). 이곳에서는 새들의 재잘거림도 잦아들고 바람도 소리를 낮춘다. 걷는 자도 말이 필요하지 않다. 편백나무 숲길은 명상의 길이요 사색의 길이요 나를 돌아보는 길이다. 폴 고갱은 "I shut my eyes in order to see(나는 보기 위해서 눈을 감는다)."라고 말했다. 그는 심상으로 새롭게 보기 위해 눈앞의 대상을 두고 오히려 눈을 감았다. 편백숲의 심연에서 우리도 단편적인 생각과 이미지에서 벗어나 나와 주변을 새롭게 볼 수 있는 사유를 발견할 수 있을까?

편백숲길을 따라 서쪽으로 계속 나아가면 조그만 빈터가 나오고 돌담이 있다. 그 주변에 벤치가 있고 공터 중간에 이정표가 있다. 왼쪽으로 내려가면 어린이대공원이 나온다. 하산하려면 백양근린공원으로 가는 오른쪽 길을 선택해야 한다. 편백나무가 여전히 그립다면 직진해서 만남의 숲까지 가면 된다. 그곳에는 벤치, 탁자, 평상 같은 편의시설이 잘 갖추어져 있다. 앉아서 쉬거나 편백숲에서 남은 산책을 즐길 수도 있다. 마음이 허락할 때까지 편백나무가 주는 짙은 향기를 즐기다 함박봉 고개 입구에서 만덕동 방향으로 하산하면 백양근린공원에 이른다.

만덕고개 둘레길은 만덕고개 정상에서 능선을 타고 쇠미산과 부태고개를 경유해 만덕동을 한 바퀴 도는 멋진 옛길이다. 참고로 앞서 소개한 함박봉 고갯길도 하산할 때는 백양근린공원으로 가기 때문에 두 길은 일정 부분 겹친다.

° 문장사와 장사바위

예나 지금이나 만덕고개는 낙동강과 내륙을 빠르게 연결하는 중요한 길목이다. 지금은 고개 밑으로 터널이 뚫려 쉽게 오갈 수 있지만 옛날에는 험하고 숲이 우거져 넘기가 힘들었다. 특히 구포장과 동래장을 오가며 장사하는 사람들에게는 생계를 이어가는 길이었지만 산적들이 많아 위태로웠다. 포졸과 군졸이 동원되었지만 임시방편이었다. 단속이 잠잠해지면 산적들은 기승을 부렸다. 사람들은 산 아래 주막에서 기다렸다가 무리 지어 고개를 넘곤 했다. 많은 이들이 함께 넘어가야 하는 고개라는 뜻으로 만등고개라고도 했다.

만덕고개 아래에는 산비탈을 따라 네 개의 마을이 옹기종기 모여 있었다. 사기마을, 상리, 중리, 하리였다. 1,800년 무렵 중리에 문장사라는 사람이 살았다. 그는 우리나라에 최초로 목화를 소개했던 고려시대 문익점의 후손이었다. 어렸을 때부터 힘이 세고 몸놀림이 빨라서 마을 사람들이 장사라고 불렀다. 세월이 흘러 문장사는 청년이 되었다.

276

가을이 깊어가던 어느 날 문장사는 마을에서 멀리 떨어진 상학산 상계봉으로 나무를 하러 갔다. 겨울이 다가오면서 땔감이 많이 필요했기 때문이었다. 초동급부(樵童汲婦). 아이는 땔감 나무를 모으고 아낙네는 물을 긷는다는 뜻이다. 옛 사람들의 중요한 일과였다. 가까운 산허리는 나무를 너무 많이 베어 쓸 만한 나무는 거의 사라지고 없었다. 그래서 겨울나기를 위해서는 산꼭대기까지 나무를 하러 가야 했다. 이럴 때는 땔감 구하는 데 하루가 다 갔다.

문장사는 나무를 한 짐 지고 해가 뉘엿뉘엿 서산으로 질 무렵 내려왔다. 산중턱에 차밭골이 있었다. 고려시대 만덕사라는 큰 절의 스님들이 차를 마시기 위해 차나무를 길렀던 곳이다. 문장사는 차밭골에서 잠시 쉬어가기로 했다. 그는 지게를 어깨에서 풀고 산 아래를 내려다보았다. 건너편으로 부태고개가 보이고 주지봉이 어스름 속에 우뚝 서 있었다. 산 아래 마을의 초가집들이 그림처럼 평화롭게 모여 있었다. 그때 갑자기 조용하던 마을이 어수선해지면서 사람들의 그림자가 어지럽게 움직였다. 횃불이 타오르고 고함소리가 어렴풋이 들렸다. 문장사는 처음에는 어리둥절했으나 곧 만덕고개의 산적들이 마을로 쳐들어왔다는 것을 알았다.

그는 벌떡 일어나 차밭골 부근에 있는 집채만 한 큰 바위 위로 몸을 날렸다. 바위 위에서 몸을 한번 굽혔다 펴면서 아래로 뛰어내렸다. 그의 몸은 포물선을 그리면서 단번에 산 아래 덕석바위까지 내려왔다. 그가 몸을 날린 큰 바위 위에는 발자국이 선명하게 남았다. 사람들은 이 바위를 장사바위라고 부른다. 문장사는 한달음에 마을 어귀까지 빠르게 달려갔다. 그리고 큰소리로 쩌렁쩌렁 만덕고개가 울릴 정도로 고함을 쳤다.
"꼼짝 마라! 여기가 어디라고 약탈을 하러 내려왔느냐?"

고함소리에 산적들은 약탈을 멈추고 뒤돌아보았다. 마을 입구에 청년이 혼자 서 있는 것을 보고 산적들은 코웃음을 쳤다.
두목이 명령했다.
"애들아, 저 놈을 혼내주어라. 하룻강아지 범 무서운 줄 모르는구나."
명령이 떨어지자마자 십여 명이 문장사를 향해 몸을 날렸다. 문장사는 조금도 흔들리지 않고 덤벼드는 산적들을 한 명씩 잡아 허공으로 던져버렸다. 잠시 후 산적들은 모두 땅바닥에 나뒹굴었다. 머리를 다친 자, 허리를 부여잡고 있는 자, 다리뼈가 부러져서 땅바닥을 기고 있는 자 등. 두목과 나머지는 깜짝 놀랐다. 문장사가 말했다.

"덤빌 놈이 있으면 또 덤벼라."

산적 두목이 부하들에게 눈짓하며 속삭였다.

"빨리 산속으로 올라가자. 잘못하면 모두 다 잡혀가겠다."

부상당한 동료들을 내팽개친 채 산적들은 빠르게 산으로 도망쳤다. 그 모습을 보고 한곳에서 숨죽이고 있던 마을 사람들이 한 명씩 두 명씩 밖으로 나왔다. 마을 사람들이 말했다.

"문장사, 이 산적들을 묶어서 날이 밝으면 관아로 끌고 갑시다."

이 말을 들은 산적들이 다친 몸을 이끌고 무릎을 꿇고는 애걸했다.

"장사님, 부디 용서해 주십시오. 다시는 마을에 내려와 약탈하지 않겠습니다."

이 모습을 본 문장사가 말했다.

"마을 어른들, 이 사람들도 알고 보면 우리와 같은 양민들이었습니다. 시기가 어려워 마지못해 산적이 되었을 것입니다. 그냥 가도록 내버려 둡시다."

마을 사람들은 문장사의 말을 듣고는 너그러운 마음 씀
씀이에 감탄했다. 문장사는 산적들 앞으로 가서 큰소리
로 말했다.

"너희들이 처음부터 산적은 아니었고 먹고 살기 힘들어
이 험한 산속에서 도적질 하는 것을 잘 알고 있다. 다시는
마을까지 내려와서 노략질은 하지 말라. 그리고 고개를
넘어가는 힘없는 사람들도 절대로 괴롭히지 말라."

산적들은 겁을 잔뜩 집어먹고 마당 가운데 웅크리고 있
다가 문장사의 말을 듣고는 연신 고개를 숙여 절을 한 후
절뚝거리면서 산으로 올라갔다.

날이 밝자 이 이야기가 구포장에 널리 퍼져나갔다. 그리
고 만덕고개를 넘는 장사꾼들에 의해 고개 넘어 동래장
에도 알려지게 되었다. 이 사건 이후로 산적들은 감히 만
덕동을 넘보지 못했다. 또 문장사 이야기만 들어도 숲속
으로 숨어버렸다. 그 뒤로 사람들은 문장사를 문천하장
사라고 불렀다.

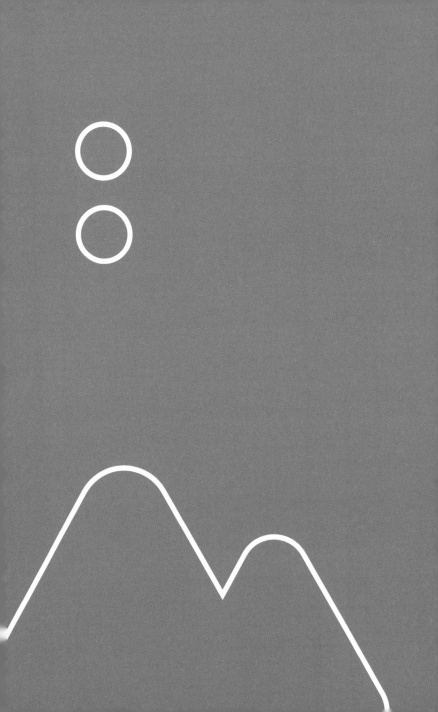

부록

북구의 노을 10경

1경. 치유의 노을 (4-① 화명생태공원 수변길)

화명운동장을 벗어나면 가능한 한 강과 가까운 길을 선택할 것. 강변 어느 곳이든 노을을 볼 수 있다. 노을이 특별히 좋은 지점은 세 군데다. 첫째, 대동화명대교에서 남쪽으로 접어들면 강 건너 대저 수문이 보인다. 이 부근 강변은 갈대가 우거진 길이다. 갈대 사이로 해가 지는 모습을 즐길 수 있다. 둘째, 수생원 데크를 건너 강변으로 바짝 붙어서 남쪽으로 내려가면 요트 계류장을 만난다. 계류장 입구에서 바라보는 노을이 멋지다. 셋째, 연꽃단지 남단 부근이다. 북쪽으로는 금정산 고당봉을 볼 수 있고 남서쪽으로는 낙동강 큰 물줄기가 출렁이면서 흘러간다. 장맥(백두대간)의 멈춤과 장강(낙동강)의 낮춤이 만나는 곳으로 이 길 최고의 노을을 볼 수 있다.

2경. 이음의 노을 (4-③ 의성산 둘레길)

노을을 볼 수 있는 장소는 세 곳이다. 첫째, 북구문화예술회관 2층 옥상에서 바라보는 노을이다. 둘째, 북이교 위에서 구포낙동강교를 내려다보는 노을이다. 셋째, 왜성 가장 높은 곳에서 바라보는 노을이다. 개인적으로 가장 멋진 장소는 북이교에서 바라보는 노을이다. 두 개의 다리 위로 노을이 살며시 앉으면 푸르고 붉은 빛이 교차하고, 낮과 밤이 이어지는 것을 느낄 수 있다.

3경. 자유의 노을 (1-③ 금곡강변 산책길)

텅 빈 강변길에 노을이 지면 하늘뿐만 아니라 강과 산이 온통 붉게 물들고 걷는 이의 마음까지도 붉게 물들인다. 강 건너 낮은 강둑 너머로 건물의 지붕이 숨바꼭질 하듯 나타났다 사라진다. 대동의 산들이 강물 위로 그림자를 던지고 있다. 가벼운 바람이라도 불어오면 그림자는 물결 위로 꿈을 꾸듯 일렁인다. 한 폭의 수묵화다.

4경. 소망의 노을 (1-② 메타세쿼이아 산책길)

바람이 불면 강변의 갈대가 춤을 춘다. 얕은 강변 위로 수양버들이 긴 가지를 함께 흔든다. 이곳은 나 혼자 걷는 길이 아니다. 나무와 갈대와 강이 함께 걷는다. 노을이 지면 하늘만 붉게 물들지 않는다. 나무와 갈대와 강도 붉게 물든다. 메타세쿼이아 가지가 서로 손을 맞잡고 있는 산책길 위로 노을이 살며시 내려앉으면 나무들은 긴 그림자를 만들어 마치 피아노 검은 건반처럼 금빛으로 물든 길에 드리운다. 강바람에 갈대가 흔들리고 길은 아름다운 세레나데를 연주하듯 마음을 편하게 해준다.

5경. 추억의 노을 (3-③ 만세길, 구포번영길, 구명길)

역사는 기억으로 존재하고 삶은 추억으로 남는다. 구포역과 구포나루를 중심으로 한 이 길은 수많은 사람들이 오간 곳이다. 구포

나루 뱃사공의 노 젓는 소리는 사라지고 증기기관차의 기적소리는 들리지 않지만 추억마저 없어진 것은 아니다. 구포 기차역 광장 앞 육교 위에 서면 발아래 6차선 넓은 도로 위로 수많은 차들이 경쟁하듯 달리는 것을 볼 수 있다. 강변으로는 붉은 해가 둑 너머로 천천히 넘어간다. 구포역 앞 노을은 누군가의 추억을 삼키고 사라진다.

6경. 기다림의 노을 (5-④ 만덕고개 둘레길)

병풍암 석불사와 동래 방향으로 길이 갈라지는 부근에서 서쪽을 바라보면 낙동강 너머로 지는 노을을 볼 수 있다. 만덕골짜기 전체를 붉게 물들이는 멋진 노을이다. 서쪽 하늘에 걸린 해는 동전처럼 작아 카메라 렌즈로 당겨서 보면 좋다. 만덕고개와 지는 해 사이 넓은 하구가 고스란히 들어 있다. 김해의 낮은 산, 넓은 평야, 낙동강 물결, 시가지 건물, 만덕골 논밭들. 골짜기 안쪽에서 넓게 펼쳐진 공간을 바라보기 때문에 계절마다 달라지는 해의 위치도, 노을빛도 쉽게 느낄 수 있다.

7경. 위로의 노을 (4-② 숙등마을길)

노을을 보기 좋은 곳은 행복키움센터 앞 육교 위이다. 숙등마을 길은 고지대인 데다 차량 통행이 많아 걷기 좋은 환경은 아니다. 그러나 이 길에서 보는 저녁노을은 장엄한 위로의 에필로그다.

석양 무렵이면 건물에 가려 해는 보이지 않지만 서쪽 하늘을 배경으로 물감을 뿌려놓은 듯 붉은 빛이 다채롭게 번진다. 언덕배기 주거지와 상계봉 정상의 암봉을 붉게 물들이는 노을은 고달픈 삶을 살아가는 갑남을녀를 위로하고 행복을 전하기에 충분하다.

8경. 그리움의 노을 (3-① 사랑 누리길)

누리길 위에 노을이 지면 하늘과 강, 그 너머 넓은 평야 그리고 발 아래로 쏟아지듯 펼쳐지는 구포3동 전경이 온통 붉은 색으로 물든다. 나비의 날갯짓처럼 부드럽게 내려앉는 노을에는 사랑의 붉은 마음에서 묻어나는 그리움이 있다. 걷는 이의 발걸음에도 마음 한 구석에 숨겨둔 누군가에 대한 그리움이 묻어날 것이다. 누리길에서 일몰을 바라보면 도심의 주거지와 강물, 평야, 그리고 김해의 산들이 노을 속에서 평화롭게 어우러지는 경치를 볼 수 있다. 이 길은 야경도 멋지다. 구포 시가지와 낙동강 다리, 대저의 불빛이 밤을 환하게 수놓는다.

9경. 동행의 노을길 (3-② 무장애숲길)

무장애숲길 3전망대인 하늘바람전망대는 나무데크로 등산로가 조성되어 있어 주변 경관을 구경하면서 편안하게 올라갈 수 있다. 석양 무렵 전망대에 오르면 세 개의 태양이 어우러지는 황금 빛 노을을 볼 수 있다. 서쪽 하늘가에 걸려 있는 해, 동낙동강과 서낙동강에 각각 비치는 해가 빛의 삼중주를 이룬다. 하늘, 산, 강, 들, 하구를 구별 짓는 말은 잠시 잊은 채 세 개의 해가 만든 빛의 산란 속에서 하구의 공간은 오롯이 하나가 된다.

10경. 어울림의 노을 (1-⑤ 문리재 등산로, 2-⑤ 대천천 누리길)

우리나라에서 가장 긴 금정산성 성벽은 파류봉과 장골봉이 만드는 깊은 계곡을 따라 이어진다. 그 계곡에 서문이 세월을 벗 삼아 꿋꿋하게 서 있다. 성안과 바깥세상을 연결하는 곳이다. 산성길의 마지막 관문인 서문 앞에 노을이 지면 금곡의 넓은 계곡과 양옆 높은 봉우리들은 황금빛 실로 수를 놓은 듯하다. 노을과 계곡의 어스름이 섞여 빛의 휘도가 낮아질 때 산성길에서 서문으로 접어드는 호젓한 길은 마을 역사와 멋진 자연이 어우러져 평화롭기만 하다. 서문에서 내려와 화명수목원을 지나면 대천천 누리길에 접어들 수 있다. 이곳 팔각정 2층 쉼터에서 보는 노을도 멋지다. 서문과 사뭇 다른 분위기를 연출한다.

북구의 문화유산 길 찾기

1- ① 느티나무 가로수길 | 율리 팽나무와 알터바위, 율리바위그늘집, 효자열녀 정려비, 동원터
1- ③ 금곡강변 산책길 | 동원나루터
1- ④ 가람낙조길 | 율리바위그늘집
1- ⑤ 문리재 등산로 | 금정산성 서문

2- ② 양버즘나무 가로수길 | 율리바위그늘집
2- ③ 회화나무 가로수길 | 학사대
2- ④ 기찻길 숲속 산책로 | 조대
2- ⑤ 대천천 누리길 | 금정산성 서문
2- ⑧ 상계봉과 화산 등산로 | 금정산성 제1망루

3- ③ 만세길, 구포번영길, 구명길 | 불화장, 구포시장, 구포장교 흔적, 감동나루터, 행군수이후유하축은제비, 구포성당, 만세거리, 구포역, 구포국수 공장

4- ③ 의성산 둘레길 | 덕천(구포)동 왜성, 덕천동 고분군 출토 유물(부산북구역사문화홍보관 내)

5- ④ 만덕고개 둘레길 | 병풍암 석불사, 만덕동사지와 당간지주, 석조 수조, 만덕동 알터바위

추천하는 글

- 동서대학교 보건행정학과 교수 이효영

김정곤 선생님과 함께 '소요(逍遙)'한 다섯 개의 길을 통해 북구의 자연과 역사, 문화를 한껏 느꼈으며, 스스로 단단해 졌음을 느끼게 되었습니다. 물론 이 책에는 제가 걸어본 다섯 개의 길 이외에도 스무 개의 길이 더 소개되어 있습니다. 제가 처음 함께 소요하게 된 계기는 현재 연구하고 있는 '지역 간 걷기실천율 격차'를 줄이기 위해 북구의 길을 더 잘 알 필요성이 있었기 때문입니다. 처음 계기는 길을 아는 것이었는데, 소요하는 동안 함께한 사람을 더 잘 알게 되고 이해하게 되었습니다. 아마도 이는 소요의 첫 번째 이 득일 것 같습니다. 소요하는 것과 걷는 것은 비슷한 점이 많습니다. 소요한다는 것은 자유롭게 이리저리 슬슬 거닐 며 돌아다님을 의미합니다. 이 책의 저자인 김정곤 선생님 은 소요할 때는 목적이 없어야 한다고 하셨지만, 저는 이 과정을 통해 제 삶을 되돌아보고, 나아가야 할 방향을 설정 했으니, 아이러니하게도 소요를 통해 목적이 생겨버린 셈 입니다. 이 역시 소요를 통해 얻을 수 있는 이득일 것입니다. 물론 앞서 이야기한 자연과 역사, 그리고 문화를 흡수할 수 있는 부분도 역시 소요의 또 다른 이득입니다.

소요를 통해 얻을 수 있는 또 다른 이득은 좀 더 건강해지기(better health)입니다. 제가 강조하고 싶은 부분이기도 합니다. 일반적으로 걷기를 실천한다는 것은 주 5회, 1회 시 30분 이상 걷는 경우를 의미합니다. 걷기는 건강을 유지하고, 만성질환을 예방하기 위한 아주 기초적인 신체활동입니다. 우울증을 줄이는 데에도 좋은 운동이고, 심혈관계 질환을 예방하고 관리하는 데에도 크게 이바지합니다. 무엇보다도 가장 좋은 점은 비용을 들이지 않고, 환경에 제약을 적게 받으며, 쉽게 할 수 있는 운동이라는 점입니다. 세계보건기구(WHO)의 2024년 6월 26일 발표에 의하면, 전 세계 31%의 성인과 80%의 청소년은 적절한 신체활동을 하지 않으며, 이에 따라 미국의 경우 매해 270억 달러, 우리 돈으로 약 37조 가량이 이와 관련된 공중보건 비용으로 소요되리라 예측합니다. 우리나라 질병관리청에 의하면 우리나라의 걷기 실천율은 47.9%(2023년 기준)로 가장 기초적인 신체활동인 걷기를 인구의 약 50%는 하지 않고 있음을 의미합니다.

걷기는 레저 활동으로서의 걷기뿐만 아니라, 목적지에 도달하기 위해 대중교통을 사용하면서 걷기, 직장 내에서 업무를 하면서 걷기, 집안일을 하면서 걷기를 모두 포함하며, 모든 종류의 걷기는 건강에 도움이 되는 것으로 보고되고 있습니다. 물론 올바른 걷기를 통해 건강과 함께 근력을 키울 수도 있습니다. 소요는 신체활동을 전혀 하지 않았던 누구라도 쉽게 접근할 수 있는, 신체활동과 친숙해지는 첫 번째 단계가 될 것입니다. 때로는 소요를 때로는 걷기를 때로는 운동하면서 건강해지는 신체를 느껴 보시기 바랍니다.

사진은 김정곤 선생님이 비 오는 날 함께 소요한 기념으로 주신 선물인데요, 너무 멋있는 선물이라 자랑해 봅니다. 여러분도 비 오는 날 소요하는 김정곤 선생님을 북구 어디에선가 만나 선물을 받을 기회가 생길지도 몰라요. 우리 함께 책에 소개된 길로 북구를 한번 소요해 보실까요?^^

참고 자료

[도서]

· 부산북구청, 『북구향토지』 개관, pp.112~213, 2014.

· 부산북구청, 『북구향토지』 지명유래, pp.248-356, 2014.

· 부산북구청, 『북구향토지』 문화와 예술, pp.635~1013, 2014.

· 부산북구청, 『북구지』, 1980.

· 부산북구청, 『금곡동향토지』, 2021.

· 이근열, 김인택 공저, 『부산의 지명연구』, 2014.

· 송근원, 『코리아는 호랑이의 나라 - 우리말의 뿌리를 찾아서』, 2019.

· 부산광역시사편찬위원회, 『부산지명총람』 제5권, 1997.

· 『양산군지』, 1899.

· 『신증동국여지승람』, 1530.

· 「금정산성진지도」, 1872.

· 국토정보지리원, 『한국지명유래집』 경상편, 2015.

· 전덕재, 「삼국시대 황산진과 가야진에 대한 고찰」, 2007.

· 엄경흠, 「김해 칠점산 관련 한시의 심상과 그 의미」, 『석당논총』 제57집, 2013.

· 조해훈, 「한시에 나타난 선계로서의 칠점산」, 『석당논총』 제57집, 2013.

· 허태수 편저, 『수정마을이야기』, 2020.

· 낙동문화원 향토사연구소, 『화명 대천마을의 정담』, pp. 8~12.

· 맨발동무도서관, 『대천마을 사진을 꺼내들다』, 2013.

· 정영현 외, 『냇가에 마을을 이룬 곳, 대천마을』, 2022.

· 최진식, 「구포장터 3·1독립만세운동 연구」, 『낙동 향토문화연구 제2집』, 2021.

· 부산초등교육회 엮음, 「고적도시로서의 부산」, 『항도부산 제7호』, 1992.

· 고려대, 『한국어대사전』, 2009.
· 오치 다다시치, 『신구 대조 조선 전도 부군면리동 명칭 일람』, 1917.
· 정경주 번역, 『내영지』, p.42, 2001.
· 『일본서기』 계체기 23년 4월조.
· 『삼국사기』 신라 본기 법흥왕 19년.
· 김영도, 『우리는 왜 산에 오르는가』, 2005.
· 서영남, 「부산의 청동기시대 유적과 유물」, 『항도부산 제17호』, pp.279~280, 2001.

[인터넷]

· 책, 남은 기억들… https://blog.naver.com/jungyoupkim
· 구포국수체험관 http://gupoguksu.co.kr
· 북구청 홈페이지 www.bsbukgu.go.kr
· 부산역사문화대전 https://busan.grandculture.net
· 낙동강 관리본부 http://nakdong.busan.go.kr
· 향토문화전자대전 > 해월사 터 https://terms.naver.com/entry.naver?docId=2819994&cid=55774&categoryId=55975
· 나무위키 > 구형왕 namu.wiki/w/구형왕
· 한국민족문화대백과사전 https://encykorea.aks.ac.kr
· 두산백과 두피디아 > 사상구의 연혁 https://terms.naver.com/entry.naver?docId=6636257&cid=40942&categoryId=33373
· [가야역사를 찾아서](12) 가락국 마지막 왕의 무덤 구형왕릉, 경남일보 http://www.knnews.co.kr/news/articleView.php?idxno=1227551
· 경상남도 공식 블로그 > [경남 산청, 밀양 / 구형왕릉 덕양전, 이궁대] 가야 구형왕의 마지막 행적을 찾아서 https://blog.naver.com/gnfeel/222680474413
· 한국향토문화전자대전 > 칠점산을 노래한 고전문학 https://terms.

naver.com/entry.naver?docId=2821745&cid=55773&categor
yId=55872

· 한국향토문화전자대전 > 구포동 화재 의연 기념비 https://terms.
naver.com/entry.naver?docId=2816026&cid=55780&categor
yId=56302

· 한국향토문화전자대전 > 왜의 침입 https://terms.naver.com/
entry.naver?docId=2815325&cid=55772&categoryId=55820

· 한국향토문화전자대전 > 구포 국수를 만든 사람들-곽씨 3대 국수 공
장 이야기 http://www.onbao.com/dbria/sub_mobile_npc_
sub.html?type=C&id=1529242068456&gubun=onbao

· 위키백과 > 동래군 ko.wikipedia.org/wiki/동래군

· 한국하천협회 http://www.riverlove.or.kr/RiverInfo/Search.asp

소요북구

마을 · 자연 · 역사와 느긋이 걷는 부산 북구 스물다섯 길

초판 1쇄 2024년 9월 5일

지은이 김정곤
편집 계선이
디자인 박소영
인쇄 까치원색
펴낸이 배은희
펴낸곳 빨간집
전화 070-7309-1947
e-mail rhousebooks@gmail.com

ISBN 979-11-977852-4-5 03980